50个亲子科学小实验

【英】克里斯·史密斯（Chris Smith）
【英】戴维·安塞（Dave Ansell） 著

心 蛛 译

世界知识出版社

图书在版编目（CIP）数据

50个亲子科学小实验 /（英）克里斯·史密斯（Chris Smith），（英）戴维·安塞尔（Dave Ansell）著；心蛛译 .—北京：世界知识出版社，2019.11
书名原文：Boom！50 Fantastic Science Experiments
ISBN 978-7-5012-6027-0

Ⅰ.①5… Ⅱ.①克…②戴…③心… Ⅲ.①科学实验－青少年读物 Ⅳ.① N33-49

中国版本图书馆 CIP 数据核字（2019）第 129943 号

版权声明

著作权合同登记号 图字：01-2019-3476 号

注意：作者和出版者已尽一切努力确保本书中提供的信息安全和准确，但他们不对任何财产或人员造成的伤害或损失或损害承担责任，无论它们是直接的还是后果性的，以及如何产生的。

书　　名　50 个亲子科学小实验

策　　划　席亚兵 张兆晋
责任编辑　苏灵芝
责任校对　张　琨
责任印制　王勇刚
封面设计　张　乐

出版发行　世界知识出版社
网　　址　http://www.ishizhi.cn
地址邮编　北京市东城区干面胡同 51 号（100010）
电　　话　010-65265923（发行） 010-85119023（邮购）
经　　销　新华书店
印　　刷　文畅阁印刷有限公司
开本印张　889×1194 毫米 1/20 7.2 印张
字　　数　150 千字
版　　次　2019 年 11 月第 1 版　2019 年 11 月第 1 次印刷
标准书号　ISBN 978-7-5012-6027-0
定　　价　58.00 元

从猕猴桃中提取DNA（第55页）

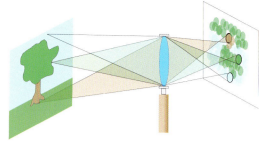

目　录

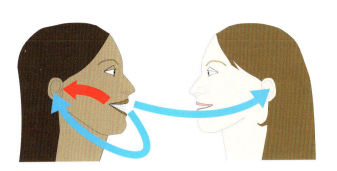

饮料瓶里的"潜水艇"

通过这个实验，你将发现潜水艇如何下潜和上浮，潜水员为何能悬停在水中而不会沉到水底的原因。你将明白什么是浮力，并知道如何控制浮力。

◆ 取一个大号（2升）塑料软饮料瓶并装满水。

◆ 放入一袋未开封的番茄酱或美乃兹（就是快餐店里给的那种）的塑料包装调味包。调味包要刚好

能够浮起。如果浮起太多，就在外面贴上几片贴纸或橡皮泥，使其刚好够得着水面。

◆ 要确保瓶子里充满水，满得快要溢出来。

◆ 使劲拧紧上瓶盖，然后用手用力挤捏瓶子。

◆ 调味包会下沉到瓶底。

◆ 将手松开，调料包会重新浮起，上升到水面。

实验原理

这个实验的物理原理是由2000年前著名的古希腊科学家阿基米德发现的。据说他在洗澡时突然悟出了这个原理，然后兴奋地从浴缸中跳出来，高喊着："找到了，找到了！"跑到大街上裸奔。阿基米德发现，水会对浸入其中的物体施加一个向上的力（称为浮力），其大小等于物体

排开的水的重量。如果排开的水的重量比物体自身要重，物体就会向上浮起。这个原理称为"阿基米德原理"。

当调味包刚放入塑料瓶里时，它排开的水的重量比自身略大一些，所以它会浮在水面附近。当用手挤压密封的瓶子时，手对瓶子里的水施加了压力。由于液体是不能被压缩的，于是压力传递给了调味包。调味包里充有少量的氮气（目的是保鲜），而气体是可以被压缩的，于是对水的挤压导致调味包收缩，它所占的体积因此减小，排开的水的重量就会变小。但由于调味包的重量没变，因此，只要挤压的力量够大，调味包排开的水的重量将减小到小于自身的重量，这时它就会下沉。

那当松开手时调味包时为什么又会上浮水面附近呢？这是因为，一旦松手，调味包里的气体将再次膨胀，使得调味包的重量小于排开的水的重量，于是它就会上浮。

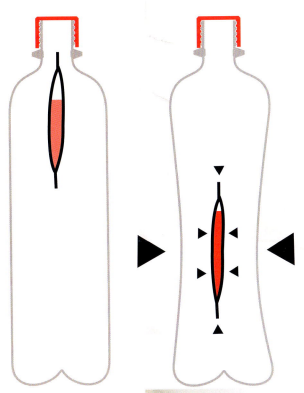

实际应用

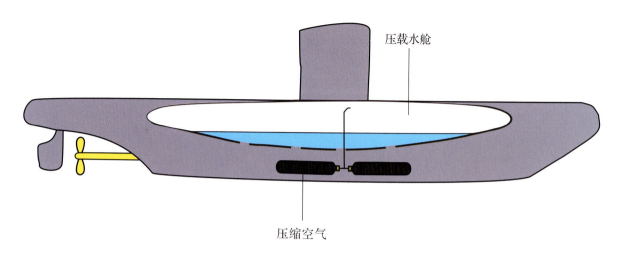

压载水舱

压缩空气

潜水员与潜水艇都使用了同样的原理来控制它们的潜水深度。潜水员穿着一种浮力控制装置。这是一种可充气膨胀的夹克，除了可通过潜水员背包上的气缸补充额外的气体之外，它的工作原理与实验中的调味包相似。当浮力控制装置充气时，夹克会像气球一样鼓起，排开更多的水，这样潜水员就能向上浮起了。

潜水艇有点儿不一样。它在船体外围带有压载水舱。当潜水艇要下潜时，压载水舱里的空气会被置换成水，从而增加了船体的重量。这使得它比排开的水要重，于是下潜。要重新浮出水面时，存储的压缩气体会挤进压载水舱并排出里面的水。这使得船体比排开的水量要轻，于是它就会重新上浮。

扩展实验

尝试在水中溶解一些食盐。溶解的食盐越多，调味包"潜水艇"下潜就越困难。这是因为溶解的食盐增加了水的重量，也就是增加了水的密度，这让调味包更容易浮起。这也是为什么船在海上比在淡水里能载更多的货物，也是为什么在死海里几乎不可能沉船的原因。

瓶子中的云彩

天上云彩形状多变，变化莫测。那它们是怎么形成的呢？在这个实验中，只要挤压瓶子就能让云彩出现或消失，探知云彩的奥秘。

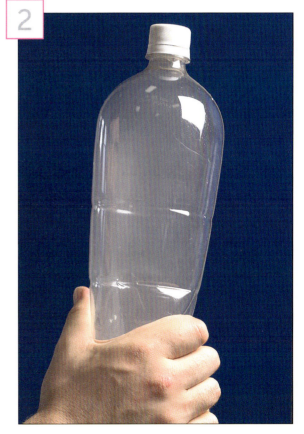

◆找个大的（2升）塑料软饮料瓶，里面放少量水。

◆点燃一根火柴然后吹灭，在它还冒烟时扔进瓶子。

◆盖好瓶盖并拧紧。

◆用力挤压瓶子5~10秒，并晃动瓶子，让里面的水打旋。

◆停止挤压并让瓶子重新膨胀。

◆这时会看到瓶子里出现云彩。重新挤压瓶子，云彩就会消失，再松开，云彩就会重新出现。

实验原理

这个实验所依赖的物理原理也同样驱动了柴油机和电冰箱工作。密封的瓶子充满了空气分子和少量的水分子。当挤压瓶子时，你用力的能量传递给了瓶子内部的空气分子，导致空气升温。你可以用另一种方式来演示这个原理，把你的拇指放在打气筒出口处，当按下活塞时，你会感觉自己的拇指发热。

柴油机引擎的工作原理和这个一模一样：汽缸压缩气体，将它加热到几百摄氏度。然后柴油被注入并被立即点燃，释放出它所蕴含的能量，推动活塞运动。

在我们的实验中，挤压瓶子产生的额外热量使瓶子底部的少量水分被蒸发，形成了不可见的水蒸气。

瓶子里装着火柴燃烧产生的烟尘颗粒。

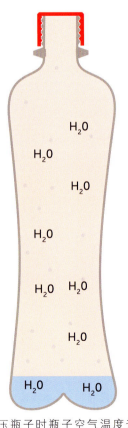

挤压瓶子时瓶子空气温度升高，蒸发出一些水分子。

将手松开，水滴凝结在烟尘颗粒上形成云彩。

当你松开瓶子后，它会重新膨胀，产生相反的效果。压力的突然降低导致温度下降，而冷空气能保持住的水蒸气不如热空气多，于是前面蒸发的水分子现在凝结形成小水滴——这就是瓶子中出现的云彩。

那冒烟的火柴起什么作用呢？答案是：水分子很难在干净的空气中凝结，而在物体表面上会容易聚集在一起。瓶子里漂浮的烟尘颗粒就提供了水滴凝结的绝佳条件。这些在凝结过程中起凝结核心作用的小颗粒称为凝结核。

实际应用

你在天空中看见的多数云彩都是以同样的方式形成的。太阳的热量使地表的水分蒸发形成水蒸气，水蒸气被上升的热空气带往高空。在远离地面的高空，气压会比地面要低，这就导致空气像你松开瓶子时那样膨胀并变冷。最终，当空气冷却到一定程度时，它就不再能够保持住原有的水蒸气，水蒸气就会开始凝结成小水滴。

就如同我们的实验那样，水蒸气会在空气中的灰尘、粉尘和污染物颗粒上凝结。无数的小水滴聚集在一起就形成了云彩。当水滴变得足够大时，它们就会以雨、冰雹或雪的形式降落下来。

那么雾呢，也是一样的吗？有时，靠近地面的温度降得很快，会让水蒸气在地面附近凝结。如果没有风把它们吹走，结果就会形成霭或者雾。

扩展实验

重复这个实验，但不要用火柴产生的烟。你会发现，这样很难达到同样的实验效果。还可以冲着镜子哈气，你会见到镜子变得模糊。这是因为哈出的水蒸气中的能量被冰冷的镜子表面吸走了，它在玻璃表面凝结成了小水滴。

漂浮的乒乓球

反重力机器肯定是一种宝贝，不过至今依然只停留在科幻小说中。但在这个实验中，我们可以向你展示一个物理原理，它能让飞机升空，也能让乒乓球悬停在半空。

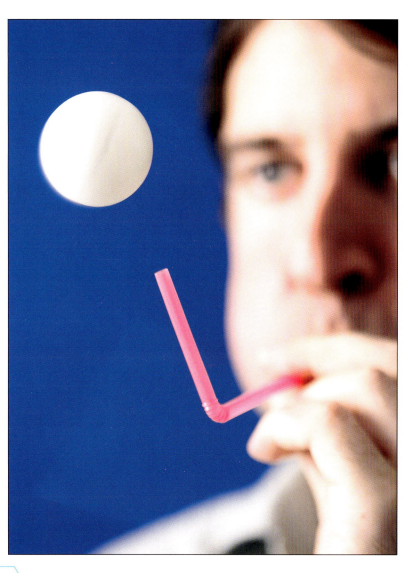

◆这个实验中，你需要一只乒乓球，一只吹风机或者一根弯曲的饮料吸管。

◆打开吹风机（如果可能，设置成冷风）。

◆找准位置，让它吹出一股垂直向上的气流。（如果你用的是吸管，就把长的一端放在嘴里，短的一端指向天花板，使劲吹气。）

◆把乒乓球在吹风机或吸管吹出的气流中保持住，然后放手。奇迹出现了！乒乓球没有任何支撑就悬浮在气流中。

◆尝试转动气流的角度，乒乓球会稳定跟随气流移动。气流的倾斜角度甚至能超过30°。

实验原理

吸管里吹出来的空气把乒乓球向上吹，但又是什么魔力让它停在了那儿，它为什么不脱落或掉到地上呢？问题的答案归因于一个物理效应，它是罗马尼亚飞机设计师亨利·康达在20世纪30年代发现的。康达发现，当空气或者水流流过弯曲的物体表面时，它会依附并沿着表面流动，于是流体也变得弯曲了。这意味着，当乒乓球在气流中央时，气流会经过所有的表面并依附在表面上，于是把球囚禁住了。

但乒乓球为什么能停留在一个地方不动呢？这需要感谢牛顿第三定律。这个定律告诉我们，每一个作用力都会对应一个大小相等、方向相反的反作用力。假如球要朝某个方向移动，依附在它表面上的空气会随着运动。但如果空气运动了，就会有一个力把乒乓球朝相反的方向拉，于是它将保持不动。这就是乒乓球为什么会悬停在一个位置，甚至在气流倾斜一个角度时也会如此的原因。

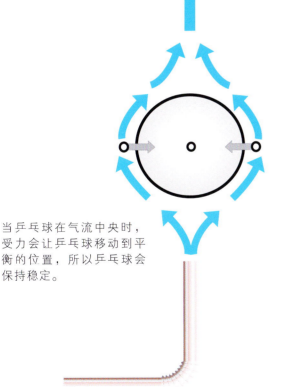

当乒乓球在气流中央时，受力会让乒乓球移动到平衡的位置，所以乒乓球会保持稳定。

当乒乓球移动到一边时，依附在表面的空气会随着一起运动，产生的一个相反方向的力将乒乓球拉回来。

13

实际应用

这个物理效应也是飞机的机翼产生升力的原理。弯曲的飞机机翼表面使流经机翼下方的空气偏向下方流动。同时，根据康达效应，空气会依附在机翼上方。由于空气被机翼向下推，于是就产生了一个大小相等的向上的力作用在飞机上，让它保持在空中。这和实验中把乒乓球保持在气流中不动的原理是一样的。

但是，如果飞行员爬升得太快，气流会离开机翼上表面，产生一个涡旋湍流区，它不会产生任何升力。这种现象叫作失控。如果此时飞机离地面太近就会十分危险，因为没有了升力，飞机就会很快失去高度，并可能坠毁。

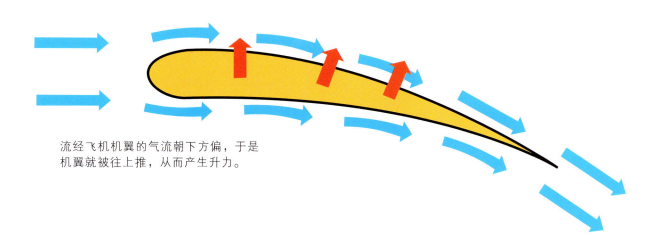

流经飞机机翼的气流朝下方偏，于是机翼就被往上推，从而产生升力。

扩展实验

你可以通过让水流缓缓地流过汤匙的背面来演示康达效应。除了垂直流过汤匙背面，水流还可以在末端倾斜，以一定角度离开汤匙。

大米与流沙

这个实验演示了如何不用手接触罐子就能提起一罐米，以及为什么路面会形成坑洞的原因⋯⋯

◆取一个果酱罐并装满大米，最好是长粒的大米。

◆取一把和罐子一样长的小刀，用力插进大米中。

◆扭动小刀，然后拔出再插入。

◆反复插拔，当大米在罐子中的高度下降时再添加一些米进去。

◆几分钟后，小刀变得越来越难以插入。最后，你就能够用嵌在米里的小刀把罐子提起来了。

实验原理

这个原因与微粒物如何排列有关，这也是露台和人行道会变得坑坑凹凹的原因，同样也是流沙为什么会致命的原因，并可以解释路面为何会经常布满坑洞。

在你刚用大米填满罐子时，大米颗粒是随机排列的，它们之间留有大量的空隙。这使得小刀很容易插入，因为大米可以填充那些空隙并腾出位置。

不断重复这个过程，大米颗粒的排列会更加紧实，更加有序。此时罐子里遗留的空隙非常少，这也是为什么要用这种方式将大米填满罐子

15

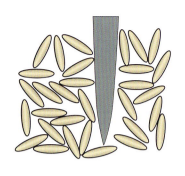

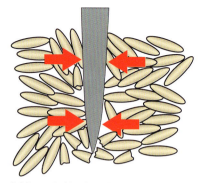

的原因。如果从侧面看罐子，你会发现颗粒已经排列成行。

在这样紧实的排列下，大米占据的空间更少；这增加了大米排列的密度，于是，要给小刀让出位置逐渐变得困难。最终，只能通过打碎、切断或搅乱米粒才可能让小刀插入，这就需要加大力量。结果是米粒会用同样大的力量把小刀往回推，产生了如"大米钳子"一样的效果，它紧紧挤按刀锋的力量比提起罐子需要的力还要大。

实际应用

如何用这个原理解释在露台、人行道、坑洞及流沙中遇到的现象呢？

当铺路石最初铺下，或者在修补完道路上的坑洞后，通常会得到一个平整的表面。但经过一段时间后，表面上车辆的震动或人们的走动会让修补或铺路材料中的颗粒压得更紧实。

这个过程和实验中罐子里大米的表面会下降类似。用来填坑洞的材料的平面或者支撑铺路板的平面也会降低，这就会在路面上形成了坑洼，或者石头会翘起一角，能把人绊倒。

那么流沙呢？也是同样的道理。流沙是由盐水、沙粒和少量黏土粘合在一起形成的混合物。它的结构有点像纸牌屋，在沙粒之间有大量由水填充的空间。

当你踩在流沙上时，你施加的压力破坏了"纸牌屋"，于是，所有的沙粒把被陷住的身体部位四周紧紧封住，囚禁住身体。事实上，沙子很重，以至于将你拉出来所需的力量比提起一辆汽车还要大。

不要相信在电影里看到的那些情景。这是因为尽管你可能被流沙困住，但不可能会溺死在流沙里——因为流沙的密度是人体密度的两倍，所以，你只可能下沉到腰的高度，不会全部陷入流沙之中。

自制酸碱指示剂

在化学实验中，我们经常使用酸碱指示剂来区分物质的酸碱性，它可以随物质的酸碱性不同呈现不同的颜色。其中广为人知的是石蕊试剂，它是从一种叫石蕊的植物中提取出来的色素。除了石蕊之外，我们食用的一些蔬菜中也含有类似的色素。

咦！别吃啊！

◆取大约1/4颗紫甘蓝。

◆用切碎机或刀将紫甘蓝切成小块。

◆将它们放到碗里，加少量水，但不要没过紫甘蓝。

◆用木勺捣碎紫甘蓝，然后把捣烂的紫甘蓝倒进筛子过滤出液体。这种液体是紫蓝色的，它就是你需要的指示剂溶液。

◆将少量指示剂溶液分别倒进一系列塑料或玻璃杯子里。你至少需要三只杯子。

◆用一只杯子里的指示剂作为"对照组"。这只杯子里不要加任何其他东西，这样你就能把它作为溶液最初颜色的样本。

◆再取一只杯子，加一茶匙柠檬汁或者醋，另一只杯子加一茶匙的小苏打（碳酸氢钠）。

◆搅拌杯中液体使其充分混合，然后进行观察。加了醋（或者柠檬汁）的杯子里液体应该变成了粉色，而加了小苏打的杯子里液体应该变成了暗蓝色。

实验原理

这种现象最初是由17世纪的化学家罗伯特·波义耳发现的，他创造了"酸"和"碱"这个两个化学术语，并发明了石蕊试剂。

紫甘蓝里含有一种叫黄素的可溶于水的色素，它是化学物质花青素家庭中的一员。花青素是一些大分子，由几个相连的原子环构成，彼此共享电子。这些电子能吸收特定波长的可见光，反射其他波长的光线。反射出去的光就赋予了化学物质所特有的颜色。

当向花青素中加入酸时（比如醋中的醋酸或者柠檬汁中的柠檬酸），酸中的氢离子（H^+）会与花青素分子中的一些氧原子结合，这就阻碍了一些电子被共享，导致它们吸收更多的蓝光。因为白光是由从蓝色到红色不同波长的光所构成的，除掉的蓝光越多，颜色就会变得越红。与酸的情况正好相反。当加入碱（如小苏打）之后，碱溶解后产生的氢氧根离子（OH⁻）会夺去花青素分子中的氢离子，从花青素分子中"偷"走一些氢。为弥补丢失掉的氢，花青素要在分子里共享出更多的电子。这就导致它要吸收更多的红光并反射出更多的蓝光，于是溶液的颜色变蓝了。

实际应用

自然界中的很多不同颜色都要归因于这个实验中的所见的化学反应。这是德国化学家、1920年诺贝尔奖得主里夏德·维尔施泰特所发现的。他发现，玫瑰花之所以是红色而紫罗兰是蓝色的，并不是因为这两种花含有不同颜色的颜料，而是因为这两种花花瓣中的酸碱性不同。也就是说，不同的酸碱性改变了花瓣中花青素的颜色，产生了不同颜色的花。

扩展实验

用你制作的指示剂去测试一下身边的其他常见物质，例如肥皂、酸奶、塔塔粉、汽水和其他软饮料，并证明指示剂效应是可逆的——加一些酸到指示剂中，然后再加一些碱，看看颜色的变化。试一下花园里其他的植物，看看还有哪些植物可以用作指示剂，它们的共同点是什么。

检测麦片中的铁

一些麦片盒子上印有"高铁"的字样，以表明它们富含铁质。但里面真的有铁吗，如果真有，它有什么功效，你能看到它吗？

◆这个实验中，你需要一些早餐麦片，最好是声称含铁量高的那种，一个研钵和杵，或是类似的能用来捣碎麦片的其他工具，一块强力磁铁或者一对磁铁。

◆取一杯麦片并碾碎成细粉末。

◆取一块磁铁混在麦片粉末中。

◆拿起磁铁并观察它的表面。

◆你应该能够看到麦片细粉末粘在磁铁上面，如果你拿第二块（更强的）磁铁靠近第一块，细粉末会跳到第二块磁铁上。

实验原理

在麦片的加工过程中会掺入一些带磁性的金属铁微粒，这有助于身体健康。铁（Fe）在人体的新陈代谢中的作用十分重要，它在血红蛋白中扮演着重要的角色。血红蛋白是红细胞中的色素，能将氧气从肺运送到人体组织，它也是酶家庭中十分重要的一员，叫作细胞色素。细胞色素能帮助细胞产生能量并分解药物与毒素。人体需要足够的铁才能正常工作。

没有足够的铁，人就会贫血，这是一种因红细胞太少引起的疾病，会导致疲惫、易怒、注意力不集中，严重时会昏迷并呼吸困难，这是因为你的身体不能给大脑和组织输送足够的氧气而引起的。

为防止这种情况发生，健康的日常饮食很重要。铁的最佳来源是红肉，包括牛肉、猪肉和肝脏。铁的这个来源叫作"血铁质"，它是一种能被人体最有效利用的形式。

一些植物也含有丰富的铁，包括黄豆、腰果、杏仁和菠菜，但它以"非血铁质"的形式存在，难以被人体吸收。但是，最近发现维生素C有助于人体吸收并利用这种形式的铁，所以，吃饭时来一杯橙汁对素食者是个好主意。

实际应用

因为有些人可能不会从日常饮食中补充足够的铁，因此会有缺铁的风险。某些食品中会添加额外的铁，比如麦片，这叫作"高铁"。麦片生产者已发现，这样做的最佳方式就是添加比头发还细的金属铁微粒。它们会与胃里的酸反应生成氯化铁，然后会被小肠吸收。在那里，铁会被一种叫"铁传递蛋白"的蛋白质结合，并将它运送到人体需要的部位。非金属形式的铁会导致食物腐败，这也是为什么食品工厂要避免使用它们的原因。

扩展实验

用同样的技术去测试各种不同的麦片。它们都含有可探测的铁颗粒吗？

模拟台风

台风是一种十分壮观、高速旋转的风暴，中心是大约直径为30千米的低气压区，叫作风眼，它外围环绕着大量的涡旋大气。最大的台风直径可超过2000千米，风速可超过300千米/小时。那台风是怎么形成的，"风眼"里为什么平静无风呢？

◆ 在这个实验中，你需要两只大号的塑料软饮料瓶、一些水和一些导管或绝缘胶带。

◆ 在一只瓶子里装上大约1/3的水。

◆ 把第二只（空的）瓶子倒着放在第一只上面，把两个瓶颈一起扎紧，整个看起来像一个大号的煮蛋计时器。

◆ 将两只瓶子上下翻转，让盛水的那一只在上面。

◆ 观察水如何从上面流到下面。

◆ 当所有的水都流尽后，重复上面的过程，但这次要让瓶子旋转一下。

◆ 你应该会看到令人印象深刻的旋涡，或者叫旋涡效应，水很快就会从上面流到下面。

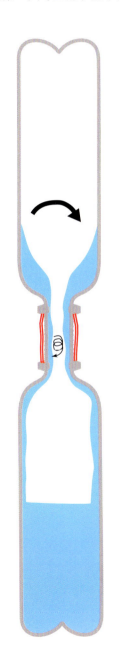

实验原理

实验的关键点是让瓶子旋转一下，台风能够把气流加速到很高的速度也是同样的原理。

瓶子第一次翻转时，水要流到下面的瓶子里，上面瓶子中空出来的地方就需要填充进空气，否则就会形成真空。当气泡通过两个瓶子连接处的狭窄瓶颈向上跑时，会阻碍水的流动，让水流减速，因此需要很久才能把一只瓶子里的水全部倒进另一只瓶子。

但当瓶子旋转一下后，这个过程会变得很快。这是因为瓶子里的水会被瓶子带动开始旋转，当它向下流经狭窄的瓶颈时，就变成了越来越紧的旋涡。

根据物理学中的角动量守恒定律，用脚尖旋转的溜冰者把张开的手臂收回后，身体会旋转得更快，被窄瓶颈限制的水在转动时会加快旋转速度。

当水旋转得足够快时会被甩向瓶壁，这样就产生了中空的旋涡。于是，下方的空气可以轻松地穿过这个管道，水向下流动的速度就会大大加快。

实际应用

台风通常形成于热带洋面。当海水温度超过28.5℃时，水面上方的空气因受热密度变小而上升。同时，水蒸气也从海面不断蒸发到空中。随着湿热空气的爬升，该区域将形成低气压区，冷空气会从气温较低的高气压区流入以填补空间。这个过程会持续进行。

因为地球在转动，因而迁移过来的冷空气也是旋转的。正如缓慢旋转的水经过狭窄的瓶颈时会被加速一样，台风中的空气也发生了同样的事情，它会旋转得越来越快。

如果条件合适，这个过程会不断持续，从而积累巨大的能量，最终产生台风。这种巨大的风暴风速最高可超过300千米/小时，能够掀翻屋顶、拔起树木并形成滔天巨浪。

台风的中心区域叫作"风眼"，它就像实验中旋涡中心的空气管道一样。在这里，风就像瓶颈里的水那样高速旋转，急着脱离风眼。这样，台风中心就产生了一个气压很低的区域，它会把空气从上往下吸。这些下沉的空气干燥且不旋转，因此风眼中几乎没有风、没有云，艳阳高照。

扩展实验

为了让效果更加醒目，你可以加一些带颜色的油（比如手工艺品商店的灯油）到瓶子里。油会浮在水面上，但当旋涡形成时，它会随着四周的水从中央流下去。

鸡蛋煮熟了吗？

不把壳敲碎，你能在5秒钟内看出一只鸡蛋是生的还是煮熟的吗？这个实验会告诉你怎么做，并解释为什么其中的科学原理在工业运输中很重要的意义，甚至能帮你在高尔夫球场上实现一杆进洞……

◆ 你需要一只生鸡蛋、一只煮熟的鸡蛋和一个平坦的桌面。

◆ 取生鸡蛋，放平并使它旋转。

◆ 当生鸡蛋旋转时，轻轻放一根手指到蛋的顶部并让它停下来，然后快速拿开手指。

◆ 神奇的是，停下来的鸡蛋会自己开始旋转。你甚至能多次停下它，而拿开手指后它又会旋转。

◆ 现在，试试煮熟的鸡蛋。当用手指使熟鸡蛋停止旋转后，它就真的停下不动了。你应该还会注意到，与旋转熟鸡蛋相比，旋转生鸡蛋更加困难。

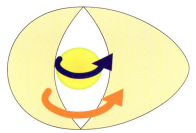
旋转的熟鸡蛋

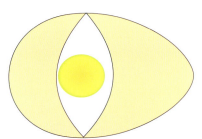
停止旋转的熟鸡蛋

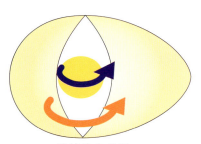
旋转的生鸡蛋

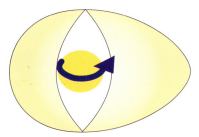
停止旋转的生鸡蛋

实验原理

这个实验向我们展示了物理学中的动量原理，任何运动的物体都具有动量，而且动量是可以传递的。

当一只鸡蛋旋转时，蛋壳和蛋清都会一起在旋转。由于熟鸡蛋里面的蛋清是固态，并且与蛋壳连为一体的，所以它们会同步旋转。因此，使熟鸡蛋开始旋转比较轻松，并且也转得更稳，因为一切都绕着固定的质量中心在转动。当把手指放在蛋壳上以使熟鸡蛋体停止旋转时，鸡蛋整体都会停止旋转，所以放开手指后熟鸡蛋就不会再旋转了。

但由于生鸡蛋里面是液态的，因此当蛋壳被手指按压暂时停止旋转时，里面的液体还在继续旋转，仍然具有动量。当生鸡蛋被放开时，液体会通过与蛋壳之间的摩擦力将一部分动量传递给蛋壳，因此生鸡蛋又开始旋转了。

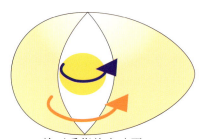
放开手指的生鸡蛋

实际应用

这个实验是一个演示运动液体动量的好例子。当我们用轮船、火车、飞机或卡车运载液体时，液体的动量可能导致十分严重的问题。

运输工具的动量被传递给所运载的液体，就像实验中蛋壳把动量传递给蛋清一样。而液体的动量反过来会使运输工具不稳定。例如，油轮在波涛汹涌的海上起起伏伏，油罐里的油会跟随船体运动，这会让货物动量增大，对船壳施加额外的压力，甚至会导致翻船。又例如，当卡车急刹车时，它运载的液体会向前撞击，极有可能损毁运输工具，这就使急刹车变得很危险。

为解决这个问题，人们通常将油罐分隔成几个较小的部分，以减少液体可能具有的动量，这样也可以使货物的重量能被均匀地分配到轮船、火车或卡车的各个部位。

那打高尔夫球时怎样才能一杆进洞呢？我们知道，当用球杆击球时，如果偏离球心，高尔夫球就会旋转使球路偏离。为此，现在一些高尔夫球的球心会被做成液态的，这样就使高尔夫球像生鸡蛋的蛋清拖住蛋壳那样不易发生旋转，从而帮助球手将球路保持在直线上而不会发生偏移，这样就容易将球打入球洞了。

扩展实验

试着在桌子上快速旋转煮熟的鸡蛋，只要转得足够快，你就会发现鸡蛋会自己站立起来了。这个现象看似简单，但其原因却一直困扰着人们，直到不久前才由剑桥大学的物理学家、数学家凯斯·莫法特解决。他通过复杂的计算发现，熟鸡蛋的部分旋转能量会在蛋壳与桌面之间的摩擦力作用下转换成一个水平方向的推力，使熟鸡蛋在一系列的摇晃震荡中由水平变为垂直。而生鸡蛋的内部是液态，会吸收旋转能量，因此不会竖立起来。产生这一现象的关键是蛋壳与桌面间的摩擦力要恰到好处。在完全光滑的桌子上，旋转的鸡蛋不会竖立起来，而桌面太粗糙了也不行。

在厨房里测量光速

我们知道，光是一种电磁波，是世界上运动速度最快的物质，要想测量光度并不是一件容易的事。事实上，直到17世纪人类才大致测量出了光的传播速度。要准确测量光速需要很精密的仪器，但本实验则只需要在厨房里就可以大致测量出微波的速度，从而知道光究竟跑得有多快。

◆把微波炉中的转盘取出。

◆取一只盘子，将四片面包片平放在盘子里摆成方形。

◆用一层厚厚的黄油把面包片完全涂满。注意：每片面包片连接的地方也要涂上黄油。

◆用一只倒扣的盘子盖住支撑转盘的柱子，以确保微波炉工作时放面包片的盘子不会因柱子转动而移动。

◆将放面包片的盘子放进微波炉，平放在倒扣的盘子上。

◆将微波炉调到最高火，加热15～20秒。因为微波炉的功率不同，所以要每隔5秒检查一下，看黄油是否开始熔化。当黄油开始熔化时，你应该能在面包片上看到一系列黄油熔化后形成的平行排列的区域或线条，它们中间隔着未被熔化的区域。

◆ 用尺子测量两块熔化区域的距离，将结果换算为米，然后乘以2并记录下来。这是微波炉所产生的微波波长，大约为0.12米。

◆ 下面，你需要查找微波炉的工作频率。这个数据应该在微波炉的铭牌上标识出来。这个铭牌通常在微波炉的背面，偶尔会在微波炉的炉门上，上面会以吉赫兹或兆赫兹为单位给出工作频率。如果嫌麻烦，你可以用2450兆赫兹（或2.45吉赫兹）这个数据，它是大多数的微波炉的工作频率。

◆ 把你前面测量的波长与微波炉的工作数值频率相乘，你就可以计算出光的速度了。在计算时要注意：兆赫兹表示100万（10^6）赫兹，吉赫兹表示10亿（10^9）赫兹。

◆ 看看你的测量结果和光速的实际数值（约3×10^8米/秒）相差多少。

实验原理

光，包括微波，都是由一系列波峰波谷所构成的电磁波。两个相邻的波峰（或波谷）之间的距离叫波长，在某个确定的位置，每秒间出现的波峰（或波谷）的数量就是波的频率。要计算波的传播速度，我们只需要将这两个数值相乘即可。

在微波炉中，微波是从一面炉壁上发出的。由于金属炉壁对微波有反射作用，因此被对面炉壁发射回来的微波会与原来的微波相叠加。这样，在微波炉中一些区域，一个波是波峰时另一个正好是波谷，从而互相抵消，产生了冷区，而其他区域两个波的波峰（或波谷）正好同时出现而重合，从而形成了热区。

两个热区之间的距离对应的是半个波长，也就是从波峰到紧邻的波谷的距离。热区是面包片表面微波重合的地方，那里的黄油最先熔化。由于波峰到紧邻波谷的距离是半个波长，因此两块黄油熔化区域的距离乘以2就是波长。这就是要把测量的距离乘以2的原因。

看，多神奇啊！你在厨房里就可以测量光速了！

现在你也应该知道为什么微波炉需要一个转盘了——因为存在热区和冷区，因此不能均匀加热东西。而把食物放在转盘上转动，它的每一个部位都能暴露到热区中，这就使得它能够被均匀加热了。

微波炉中右侧的磁控管
产生的微波（红色），
会被在对面炉壁反射回
来（黑色）。

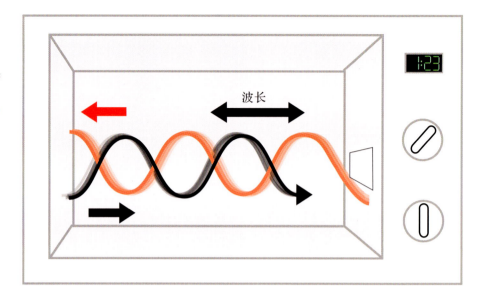

发射出去的微波与反
射回来的微波叠加在一
起，产生的热区使黄油
熔化。

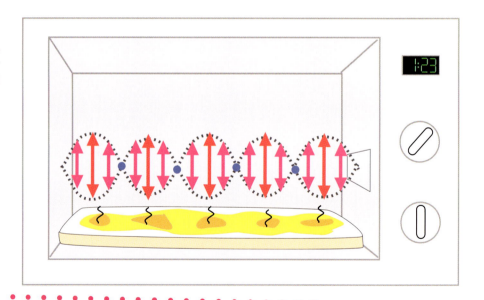

扩展实验

  这个实验中比面包和黄油更好的替代品是
巧克力块，或者是棉花糖，它们也能得到好的
结果。

速冻软饮料

服务员经常会问："饮料要加冰吗？"但是你能在饮料中快速生成冰，只要打开就可以吗？正好，这个实验就要教你怎么来做。

◆准备几瓶未打开的塑料瓶软饮料、一只冰桶或大碗、足够的冰块、一些盐和水，最好再来一支温度计。

◆在冰桶中放一层压碎的冰块，然后放一层盐。如此逐层交替码成。要保证冰块高度可以把软饮料瓶埋住。这样，你就用冰桶制造了一只桌面冰箱。

◆加水到冰里至半满，以加快冷却的速度。

◆用温度计测量冰的温度。盐让冰融化会降低温度，用这种方法至少可以到达-18℃。事实上，在冰箱发明之前，人们就是这样制作冰激凌的——在碗周围裹上冰和盐的混合物来冷却乳酪。

◆把你的软饮料冷却到-3～-5℃。你可能要用试错的方法来保证温度足够低。作为参考，如果你见到瓶子底部开始结冰，那就是冻得太冷了。

◆当温度合适时迅速打开瓶子，让泡沫溢出。

◆现在观察。如果温度正确，只要10秒，瓶子里的液体就会在你眼前变成冰。

实验原理

这背后的科学原理同我们要给发动机添加防冻剂，冬天时给路面撒盐，以及冻雨现象是一样的。软饮料中的气体是二氧代碳（CO_2），它溶解在水中生成一种弱酸（碳酸），含有轻微的柠檬味。这给饮料添加了风味和质感，也是它成为一种流行的饮料添加剂的原因。

除了对口味的影响，添加二氧化碳到水里也影响了水的冰点和沸点。事实上，任何化学物质溶解在液体中都是这样的：与纯净的液体相比，杂质会降低液体变成固体（也就是凝固）的温度，会升高它变成气体（也就是沸腾）的温度。

但是，当你打开瓶盖后，二氧化碳逃了出来，这就发生了两件事情。首先，随着二氧化碳气泡跑进来，它不再溶解于液体，液体的冰点就开始上升。其次，上升的气泡和泡沫会帮助小冰晶开始成形，一旦小晶体出现，其他晶体就会很容易开始生长。这叫作晶核过程。结果是，一旦开口，饮料从上往下快速凝固，大部分晶核取代了泡沫的位置。

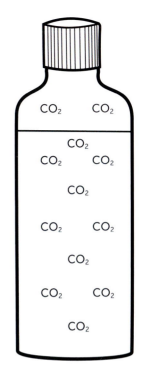

关闭：液体的冰点被溶解的二氧化碳降低。

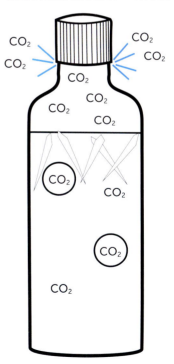

打开：溶解的二氧化碳逸出使得冰点上升，让饮料形成冰晶。

实际应用

　　寒冷的天气下，人们会在路面上撒盐防止路面结冰。这个原理与这个实验中的软饮料是一样的。盐溶解在路面上的水中降低了它的冰点。它在水中溶解得越多，路面结冰需要的温度就越低。同样，往发动机的冷却水中添加防冻剂时，水中溶解的化学物质降低了冷却水的冰点并降低了它结冰的风险，结冰会让冷却器和水管破裂。

　　晶核过程也产生了冻雨这种怪异的天气现象——液态的雨在落到车的挡风玻璃上会立即结冰。这可能会异常危险，因为它会立刻让人无法看清前面的路。雨滴下落时如果经过一片特别冷的空气会变得过冷（低于0℃），就会发生这种现象。它们没有在空气中结冰是因为缺少不规则的表面让冰晶很难形成。然而，当它们落到车的挡风玻璃上时，玻璃表面的瑕疵成为晶核过程的地点——就和这个实验中软饮料中的泡沫和泡泡一样——雨滴就结冰了。

扩展实验

　　尝试把饮料倒到玻璃杯中，或者用力敲击瓶壁形成冰核并触发结冰。

微波炉里的烟花

如果将一只镶金边的瓷器放进微波炉里加热，你会看到绚丽的电火花或焰火。这个实验中，我们用更便宜的方式来重现这样的效果，并且从理论上探讨一下为什么不应该在加油站使用手机。

◆这个实验中，你需要一只微波炉，一个夹有金属箔的塑料薯片袋。

◆把薯片袋置于旧盘子上并放入微波炉。

◆加热袋子约4~5秒，观察发生的现象。

◆关闭微波炉并等待1分钟，让袋子冷却。

◆如果实验正常，你将看到袋子会快速收缩，并产生绚丽的火花。之后，塑料袋会变厚、变硬。

实验原理

这个实验演示了聚合物的行为以及微波是如何在金属物体中产生电流的。这里用到的金属箔薯片袋是由一层铝箔夹在两层塑料薄膜之间构成的。薯片袋的铝箔是为了防止氧化以及太阳光加热袋子里的食物。

塑料属于聚合物，是由小分子首尾相接构成的长链，就像串珠一样。制造薯片袋时，分子被拉伸延展成细细的薄层。当它们由于微波在金属上的效应而受热时，分子开始振动。这使得拉伸的聚合链互相滑过，并且纠缠得又短又厚。这就是薯片袋收缩变厚的原因。

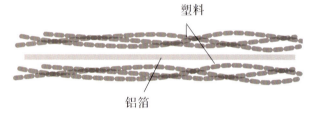

电流（蓝色）通过铝加热了塑料，导致聚合物分子振动。

铝是导电的，所以当它被微波（一种电磁辐射）轰击时，在金属中就产生了前后流动的电流。这使得金属被加热，一些热量会传递给两面的塑料。

那么火花是怎么出现的呢？这是微波在铝箔中产生的电流造成的。当塑料收缩时，它在铝箔中产生了裂缝和褶皱。这让流动的电流突然停止，大量电荷堆积在裂缝的一端。

如果累积的电荷足够多，它就会击穿空气的电阻从裂缝或褶皱的一边跑到另一边。当这种情况发生时，周围的空气会变得很热导致它发光并快速膨胀。这样产生的小规模冲击波就是你听到的爆裂声。

微波打到铝箔上会使电荷在金属中前后移动，产生电流。

聚合物纠缠得又短又厚，让箔片破裂。它阻断了
电流，电流在空隙间跳跃产生电火花。

实际应用

这个实验演示了两个重要的原理。一个是"热塑性的"聚合物的原理。当聚合物被加热到足够高的温度，聚合链可互相滑过去，材料就可以被塑造成想要的形状。当它们冷却时，长链就不再能互相滑过，于是塑料就固定成了新的形状。

第二个原理就是电磁波（如微波）会在金属导体中注入电流。这也是广播、电视和电话信号发射与接收的原理。当广播信号遇到接收天线时，会在天线中产生电流，电流被收音机放大后转换成你能听到的声波。

以这个理论为依据，加油站老板会禁止你在加油机旁边使用移动电话。这是因为，从理论上讲，电话发射的微波可以在附近的金属物体中产生电流，引起的火花可能会点燃汽油蒸气。尽管如此，和使用手机相比，我们更加容易看到在脱毛衣时产生的火花，但是，不是我们在制订规章！

扩展实验

铝箔也被用在CD中，所以，你可以在实验中换一张已经不喜欢听的光盘来实验。

自制"光纤"

不管是网上冲浪还是打电话，几乎可以肯定的是，你发送和接收的信息，至少有一部分是在光纤中以光脉冲形式传输的。那么光纤是怎么工作的，为什么它们比金属线缆更好？

◆ 这个实验中，你将用到一个空的塑料软饮料瓶、强光手电筒、钻头或其他能够在瓶子上打洞的工具、一些水，以及洗碗槽或浴盆。

◆ 在瓶子靠近底部的一侧打一个直径约半厘米的小孔。

◆ 用手指堵住小孔，往瓶子里加满清水。

◆ 然后，把强光手电筒放在小孔正对着的瓶子另一侧。

◆ 把瓶子放在洗碗槽或浴盆上方，把手指从小孔上放开，让一股水流弯曲向下喷到洗碗槽中。

◆ 把你的手放在水流路线的不同位置，在水冲到手上的地方你都应该能看到一个光点。

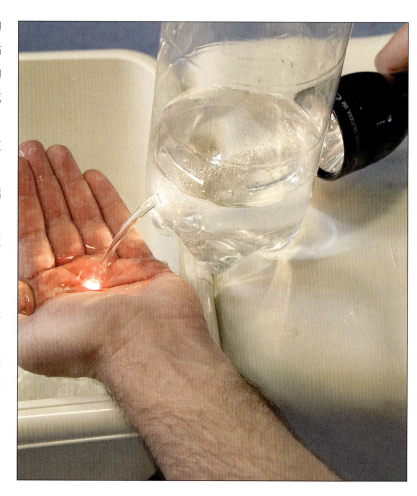

实验原理

为什么光线会囚禁在弯曲喷射的水柱中呢？这是因为光线在水中发生了折射和全反射现象，它对光纤至关重要。当你把吸管放到水中时，它看起来会变弯，同样也是这个原理。

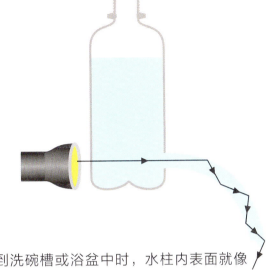

试试用这个简单的实验来理解所发生事情的原因。取一只玻璃碗，在底部放一把勺子并加满水。现在，从水面下方通过碗的一侧往上看。你应该能从水平面的下方看到反射过来的勺子。换句话说，水面就像镜子一样。

当水流离开塑料瓶时，从手电筒里发射的光线也照进了水流中。当水柱弯曲向下流到洗碗槽或浴盆中时，水柱内表面就像镜子一样，手电筒的光在水柱内反射并照到你的手上。

实际应用

当光从一种介质进入另一种介质时，比如从水进入到空气，光会改变速度，导致光线发生弯曲，这叫作折射。这也是吸管看上去会在水的表面发生弯曲的原因。

当光线从水中进入空气时，它会朝着水的表面弯曲，光线接触水面的角度越倾斜，它朝水面弯曲得越厉害。当倾斜到一定的角度时，由于光线弯曲得太厉害，它就只能呆在水里了。由于光线无法进入空气，只能被水的下表面完全反射回来，因此这时水的下表面就像

当光从水中进入到空气中时会朝水面弯曲，一些光也会被水的下表面反射到水中。

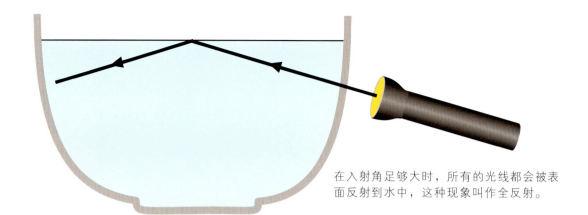

在入射角足够大时，所有的光线都会被表面反射到水中，这种现象叫作全反射。

一个完美的镜子一样。在这个实验中，你能够从碗的一侧下方看到被液体表面反射的勺子，原因就在此。

这个现象叫全反射，它就是光纤的工作原理。光纤是由极细的高纯玻璃丝包裹在材质稍微不同的玻璃中构成的。光线在外层玻璃中会跑得快一些，就像这个实验中在水柱外面的空气一样。

当光线沿着光纤前进时，它在两层玻璃交界处的倾斜角度足够大，即使光纤弯曲或者扭成一团时，光也会在表面发生全反射。

为了在光纤中传递信息，计算机首先将电子数据转换成非常短的光脉冲，通过发光二极管或激光注入到光纤中。光脉冲在光纤中传输，然后被另一端的光探测器"读取"，它们再将光脉冲转换成计算机能理解的电子信号。

你可以用这种方式传输海量的信息。目前信息传输的最高纪录超过250太比特（Tb）每秒，使用极高纯的玻璃光纤可以把信息传递上百千米都不需要再次放大。结果就是，世界上海量的通信，包括多数互联网信息都在用这种方式传送。

这个技术在庆祝节日时也用得很多，那就是人造的自发光圣诞树。它们不需要彩色小灯——"树"里有许多接在基座光源上的塑料光纤，像漏斗一样把光线传递到树上，然后照亮了树枝。

扩展实验

在你游泳时，如果水面很静，潜下去朝水面上看。从与水平面夹角小于40°的角度看去，由于全反射，水面应该像镜子一样。

汽水 "火山"

火山是如何喷发的，它为什么会突然喷发且威力巨大？在这个实验中，我们会制作一个能在室外安全喷发的 "火山"，并解释为什么气体在这个过程中很重要。

退 后!

◆ 你需要几只没打开的汽水瓶、一些薄荷糖（比如一袋曼妥思糖或强薄荷糖）和一张能卷成筒的纸。

◆ 把汽水瓶放到室外空旷的地方并轻轻打开，尽量使溢出的气体和液体最少。

◆ 现在，把纸卷成直径为薄荷糖大小的筒。如果你的薄荷糖中间有洞，也可以把它们串到一段绳子上。不管用哪种方法，你需要一次性地把所有的薄荷糖都加到开口的瓶子里，动作要非常快。你放的薄荷糖越多，效果越明显。

◆ 薄荷糖一旦放进瓶子就立刻后退。这时液体会从瓶子的狭窄瓶颈喷射出来，最高可以喷射到1米高。

实验原理

这个实验的原理在于溶解于汽水中的气体和一个叫"成核作用"的过程，它也是世界上一些最惨烈的剧烈爆炸的背后推手。

生产汽水时，厂家会用压力把二氧化碳压进液体并让它溶解。加上盖子后，瓶子内的压力阻止了气体变成气泡跑掉，而是被强制束缚在液体中。

当你打开瓶子（不加任何薄荷糖）时，压力降低，气泡的形成变得容易了，一些气泡就会跑出液面。但水分子是黏稠的，气体需要克服阻力才能把水分子推开。所以有些小气泡在原来的位置就很难形成。

然而，薄荷糖的粗糙表面带有成千上万的细小气囊。当薄荷糖浸到瓶子底部，它的气囊变成了小气泡，然后以它们为"种子"形成了更大的气泡，充满了来自饮料中的二氧化碳。

由于薄荷糖沉在瓶子的底部，大量气泡在液体底部成型，它们需要占据更多的空间。它们会把一切都往上推，并从瓶颈挤出来。由于瓶颈比瓶体要窄，液体不得不加快速度通过瓶颈，这就让饮料喷射到了空中。

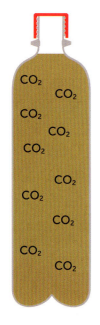
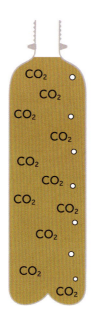

实际应用

火山的能量来自于累积的熔化的岩石，也叫岩浆，它们在地面以下形成。岩浆的压力很大，它能把任何存在的气体都强制溶解在液态岩石中，包括二氧化碳、二氧化硫和水蒸气。如果压力突然降低，比如在岩浆立刻就要喷发时，由溶解气体所形成的气泡会是它原来在岩浆中体积的数千倍。这导致熔化的岩块、浮石、灰尘和灰烬会向所有方向喷射数千米，常常把火山山体也炸得四分五裂。

扩展实验

你可以把瓶口变得更窄，让效果更显著。这样做最简单的方式就是在盖子上钻个小孔。加完薄荷糖之后快速把盖子拧回去。（这个实验必须在户外进行，因为这样产生的喷射能达好几米高。）

43

用烤面包机
驱动热气球

在郊外旅游时，我们经常能见到热气球从空中飘过。为什么热气球能飘浮在空中呢？下面这个实验会让你了解其中的奥秘。

实验需在成人指导下进行!

◆ 本实验需要一个厨房烤面包机、一个薄的聚乙烯塑料袋（就是做垃圾袋的那种塑料袋）、一些胶带和一块与塑料袋高度差不多的厚纸板（要足够大并能够包围住烤面包机）。

◆ 把硬纸板卷成一个硬纸管套在烤面包机外面，但又不要太大，要让袋子能罩住它。

◆ 用胶带把硬纸板的边缘固定住，看起来像个主厨的帽子。（一定要把胶带都贴在硬纸板外面，绝不能贴在里面能碰到烤面包机的地方。）

◆ 接通烤面包机电源，套上硬纸板的筒子，看起来像烟囱一样。

◆ 现在，撑开袋子，放在硬纸板筒子上方，等待一会儿。

◆ 大约15～20秒后，袋子就会开始起飞。一旦袋子完全腾空，立刻关闭电源。袋子会轻松飞到2～3米高，然后才开始飘落。

实验原理

热气球飘浮在空中的原理和船浮在水上的原理完全一样：都是由于密度。或许很难相信，我们周围的空气是有重量的。在海平面上，每立方米空气重约1000克，也就是说，你垃圾袋气球里的空气（在起飞之前）大约重70克。

当接通烤面包机电源后，它会把袋子里的空气烤热，导致空气鼓胀。这意味着袋子里的空间盛不下原来的全部空气。作为参考，如果温度升高了30℃，空气体积将膨胀约10%。

所以，当接通烤面包机电源后，大约有7克的空气（70克的10%）会被推到袋子外面。

因为用来制造袋子的塑料仅重约5克，而它损失的空气重约7克，塑料袋现在整体比周围相同体积的空气要轻，周围较重的空气会往气球下方流，这个过程就会把袋子往上推。

换个说法，由于充满热空气的袋子和充满冷空气的袋子大小一样但重量更轻，它的密度更小。比周围空气（或水）密度小的东西会上浮。气球会持续上升，直到遇自己密度相同的空气。

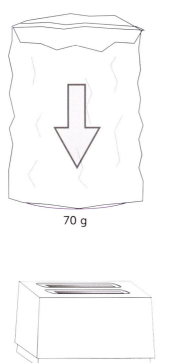

70 g

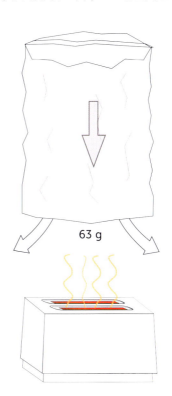

63 g

实际应用

这个实验背后的原理和你看到天空飘过的热气球是一样的。唯一的区别是，现代的热气球不使用烤面包机，而是通过燃烧气罐里的丙烷来加热气球内部的空气。

18世纪初，世界上第一个热气球由法国孟格菲兄弟发明，他们在气球的开口下面用火作为热源。1783年，这只热气球迎来了第一批乘客，包括一只叫孟陶塞（法语"爬上天空"的意思）的绵羊、一只鸭子、一只公鸡，再后来就是外科医生皮拉特尔·德罗齐埃、军官达尔朗侯爵。当时他们上升到大约915米的高度，而现在气球爬升的最高记录超过1.8千米。这个记录是由印度纺织大亨维亚派特·辛哈尼亚在2005年11月创下的。

扩展实验

你可以用胶带把物品黏附在袋子底部，给气球添加一点"货物"，看看它能带多重的东西飘浮。你还可以在放飞之前先拉住袋子，这会让里面的空气更热，因此更轻，然后袋子会升得更快——但小心不要让塑料熔化！

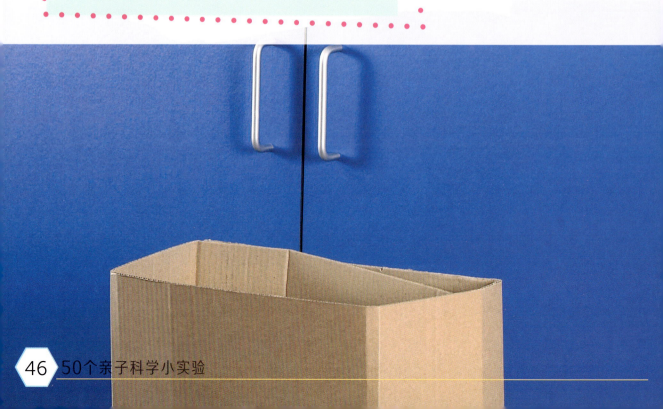

让面包变甜

人体就像一个会移动的、高效的化学反应装置。这些化学反应大多被一种叫酶的生物催化剂所控制，但它们在做些什么，又是如何在洗涤衣物时帮助我们清除污渍的呢？

◆ 这个实验中，你需要一片白面包（越便宜越好）和一张乐意品尝的嘴巴。

◆ 咀嚼面包，但不要咽下去。持续咀嚼，边咀嚼边细细品尝面包的味道。

◆ 在最初的5分钟你可能尝不出什么味道来，但最后，面包会变得像糖一样甜。

实验原理

你能感知到糖的甜味，是因为唾液中的酶将面包中的淀粉分子转变成了糖分子的缘故。面包是用面粉做的，其主要成分是淀粉。淀粉是植物中和人体里的脂肪相"等价"的物质，植物是以淀粉的方式来储存能量的，这些能量是叶绿素通过光合作用生产的。光合作用的主要产物是葡萄糖和我们所呼吸的氧气。

葡萄糖可溶解于水，因此植物很容易把葡萄糖从制造它的场所——叶片，输运到存储的部位，例如块茎（如土豆）或种子（如小麦穗）。

一旦到达目的地，植物都要用一种能高效利用空间的紧凑方式把它们保存起来，这种方式不能吸收太多水分。为实现这一目的，葡萄糖会被转变成淀粉。这是一种植物聚合体，是由成千上万的单个葡萄糖分子连接起来所构成的长链。为增加柔韧性，长链之间还会交叉链接在一起。

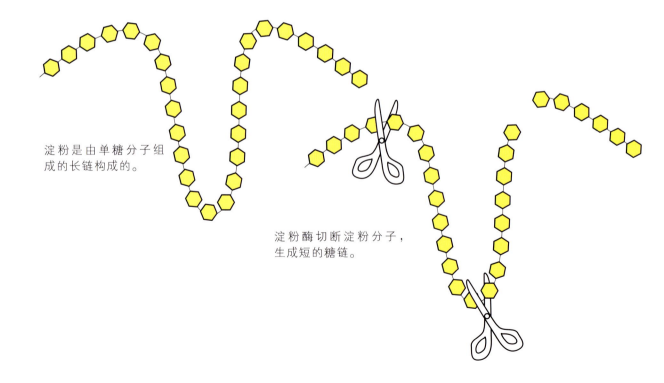

淀粉是由单糖分子组成的长链构成的。

淀粉酶切断淀粉分子，生成短的糖链。

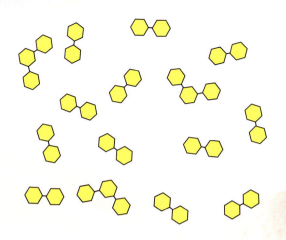

最终，糖链被切成由两个和三个糖分子组成的单元，分别叫麦芽糖和麦芽三糖，它们都有甜味。

实际应用

　　酶是一种存在于动物、植物、细菌和真菌细胞中的化学催化剂，根据写在细胞DNA里的指令生成。它们可以让化学反应在比正常情况低得多的温度下更快地发生。

　　人体利用酶（比如淀粉酶）把吃下去的食物分解，以便我们消化其中的营养。大分子，比如淀粉和多数的蛋白质，太大了很难被吸收，也不能被人体利用。因此，他们会被释放在消化液里的酶再次进行化学分解，变成相应的营养成分。

　　这个过程就像是把汽车送到废品清理场后再次被回收利用一样。在那里，废弃车辆上所有可用的部件都会被拆解并用在其他的车上。剩下的无用部分则被抛弃。

　　不必奇怪，这些大分子不会溶于水，所以它们很容易储存。当植物或正在发芽的种子需要能量时，淀粉长链会在酶的帮助下分解，释放出单个的糖分子。

　　这正是你嘴里的面包开始变甜时所发生的反应。唾液含有少量的淀粉酶（或唾液淀粉酶）可以把淀粉（它的另一个名字叫直链淀粉）切断成较小的糖分子——麦芽糖和麦芽三糖。小的糖分子溶解在唾液中，可被舌头上感知甜味的味蕾探测到，面包就变甜了。

　　消化过程产生的小分子在肠道里被细胞吸收并进入血液。身体的其他细胞会吸收他们所需要的成分，再用更多的酶把这些化学建筑材料构造成新的分子。

　　酶也用于清洁衣物。衣物上的蛋渍、血渍和番茄渍等很难清理，因为其中含有的长链蛋白质分子会紧紧黏附在衣服上。常规清洁剂在低温下很难将它们清除掉，但生物制剂洗衣粉含有可分解蛋白质的酶，污渍就可以被清洗掉，甚至在较低温度下也可以。

天空为什么是蓝色的？

在夜晚，月亮和星星都是白色的，这意味着天气应该是无色的。但为什么白天的天空看起来是蓝的，而日落时太阳会变红呢？

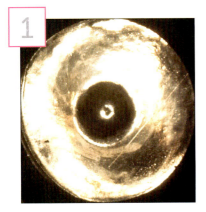 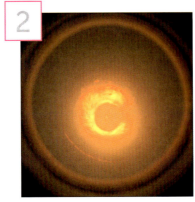 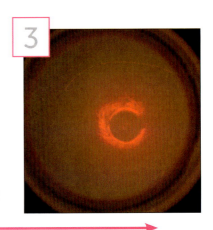

液体的深度增加

◆这个实验中，你要用到一个大玻璃杯或罐、一只水壶、一只手电筒、一些牛奶或奶粉和一些水。在光线暗的房间里最好。

◆首先，在玻璃杯中加满水，然后全部倒进水壶里。

◆在水里加极少量的牛奶或奶粉（一两平匙就够了），混匀后把一部分混合物倒回玻璃杯中（深约几厘米）。

◆打开手电筒，透过液体向上照射，我们透过液体从上往下看。

◆观察到电筒灯泡是什么颜色了吗？从杯子侧面看，液体又是什么颜色？

◆现在，从水壶里添加更多的液体，重复上面的观察。

◆就这样继续添加液体，直到杯子满了，或者通过液体看不到灯泡。如果灯泡很快就看不到了，那有可能是你加的奶过多了，你应该用更多的水来稀释。

◆如果一切正常，随着玻璃杯子逐渐加满，你应能看到灯泡中灯丝的颜色在逐渐变化。起初是白色，然后它会变黄，接着变成橙色，最终是红色。从玻璃杯侧面看，靠近杯子顶部的液体应该显示橙色，中部显黄色，底部看起来则略带一点蓝（要到达效果，你有可能需要稀释液体）。

实验原理

这个现象叫"丁达尔效应"，是150年前爱尔兰科学家约翰·丁达尔发现的。他发现了粒子对光线的散射作用。

尽管太阳光和手电筒、头灯和荧光灯管所发出的光看起来都是"白色的"，实际上，牛顿在17世纪初就发现，这些白光是由全光谱的光构成的。当彩虹出现时，或者你用三棱镜来分离光线时，你就会看见全光谱。

这些多彩的光像广播信号一样都是电磁波，不同颜色的光有不同的波长。较蓝的光波长较短，黄色和红色的光波长较长。它们合并在一起产生了我们看到的最终光线的颜色。

丁达尔则发现，当光通过一群粒子时，短波长的光比长波长的光更容易发生偏向和散射。

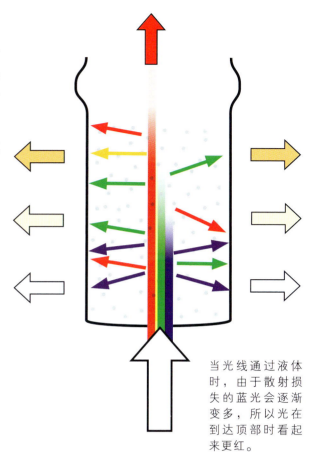

当光线通过液体时，由于散射损失的蓝光会逐渐变多，所以光在到达顶部时看起来更红。

牛奶粒子就起到这个作用。对手电筒发出的光，牛奶粒子所散射的短波长（较蓝）的光比长波长的（较红）更多。当电筒的光通过液体时，蓝色和绿色的光被逐渐散射到杯子外面，只剩下红色和黄色的光到达顶部。从侧面看，杯子底部更蓝，顶部更红。

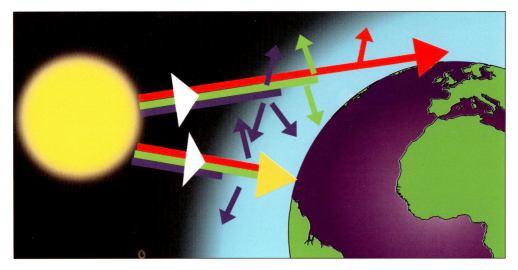

太阳升起和落下时，光线在大气中穿过的距离更长，因散射而损失的蓝光比白天多，因此太阳看起来呈现出红色。

实际应用

同样的现象也出现在天空中，不过，在实验中是牛奶粒子，而天空中则是氧气和氮气分子在起作用。

当太阳的白光照射过来时，一些短波长的蓝光会被散射和反弹到四面八方，以至于它看起来不再像是来自于同一个地方，也就是太阳，使整个天空看起来是蓝色的。波长较长的其余光线在通过时不受影响，这也是太阳看起来呈黄色的原因——白色光除去少许蓝色光后的效果。

为什么太阳在地平线上时是红色的呢？这是因为当太阳落山或初升时，光线穿过大气层的距离会更长，结果使更多波长较短的蓝光和绿光被散射，这让太阳看起来更红了。

当大气中有大量的灰尘或污染物时，比如火山喷发后或夏季作物收割后，丁达尔效应会更加明显。散布在空中的灰尘就像牛奶粒子一样，让地平线上的太阳更红。这也是实验中一旦杯子装满从顶部会出射红光的原因——因为大部分的蓝光和绿光已经被散射掉了。

当你在有雾的夜晚开车时，你也能在靠近地面的地方上看到丁达尔现象。车前灯让雾看起来显蓝色，但在靠近车前灯部位的光线则看起来偏红。

扩展实验

如果你能找到一些偏光玻璃镜，可通过偏光镜来看看天空和玻璃杯。现在向一旁移动镜片，你注意到发生了什么吗？

从猕猴桃中提取DNA

咦！别吃！

　　无论是细菌、水牛、袋鼠还是猕猴桃，DNA都是地球上所有生物用来制造细胞的遗传秘籍。在做这个实验同时，你的身体可能已经制造了好几千米长的DNA。它是什么样子呢？这里我们演示一个简单的方法，从常见水果中提取一些生物的"设计图"。

1

◆本实验需要一个猕猴桃、一些洗洁精、一些食盐、一瓶高度酒精（比如医用消毒酒精或者须后水）、一张咖啡过滤纸或非常细的筛子、一只麦片碗、一只耐热的玻璃碗、一只果酱罐或高脚酒杯以及一只餐叉。

◆开始实验之前，先把消毒酒精或须后水放到冰箱里。这个实验需要在冰冷的条件下进行。

◆给猕猴桃削皮，你可以把皮丢掉。

◆把果肉切成小块，放到麦片碗里。

◆用餐叉把小块果肉彻底捣碎，然后加一汤勺洗洁精、一茶匙食盐和100毫升纯净水。

◆轻轻但用力搅拌，继续捣碎水果，持续至少5分钟。尽量避免产生过多的泡沫，因为它会影响实验效果。

◆下一步需让前面的混合物在60℃保持15分钟。最好使用水浴。你可以用水壶里的开水把耐热玻璃碗加至半满，再从水龙头加等量的冷水，这就做成了一个简单的水浴。把麦片碗浮在大碗里的热水上。

◆不时地轻轻晃动混合物。

◆15分钟后，把麦片碗里的混合物倒进咖啡过滤纸（或细筛），用玻璃酒杯收集里面的液体。你需要大约半杯液体。

◆从冰箱里取出冰冻的酒精，沿玻璃内边缘小心倒进冷却后的液体。

◆在猕猴桃萃取液上面会形成一层酒精。

◆仔细观察两层液体交界处。几分钟后，白色的黏稠状物质开始出现。这就是猕猴桃的DNA，你可以用餐叉把它挑出来！

实验原理

活的植物细胞中包含至少一份有时是多份植物基因组DNA。植物细胞外包裹着坚硬的细胞壁，它是由一种叫纤维素的大分子构成的。在细胞壁里面是一层油状的细胞膜，它包裹着整个细胞里的物质。细胞膜就像是包裹细胞的防水布，它可以控制细胞和外部的物质交换，在细胞内部维持一个理想的化学环境。它也保护着DNA，DNA被锁在一个叫细胞核的结构中。

添加的洗洁精能溶解细胞膜，加热到60℃会分解细胞壁的纤维素。这些过程中，DNA不会被破坏，而是跑到溶液里，溶液里的食盐会让它聚焦成团。

DNA不溶解于酒精，酒精会让DNA长链脱水粘在一块。当你加进冰冷的酒精后，DNA就开始在两层溶液交界的地方分离出来。静置越久，分离出来的DNA就越多。

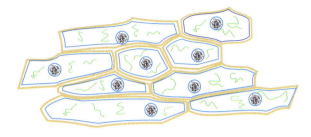

猕猴桃细胞被坚硬的细胞壁和油状的细胞膜包裹着。

加热猕猴桃有助于破坏细胞壁的结构。

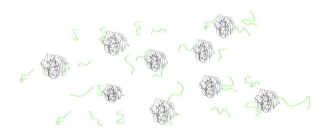

洗洁精可瓦解细胞膜，释放出细胞里面的物质，其中包括DNA。

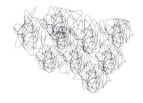

酒精把DNA周围的水分吸走，让DNA长链聚焦成团。

实际应用

科学家在实验室里用相似的方法提取和纯化脱氧核糖核酸（DNA）用于分析，包括分离人类的DNA。世界上许多国家建立了DNA数据库，用来帮助警察抓住罪犯。为了完成DNA提取，需要从人的口腔中或舌头上采集一些样品。采集到的人体细胞被洗洁剂分解，释放出里面的DNA，然后被用来进行分析。提取的DNA可以用来制造出一种基因"指纹"，它被记录保存下来，然后与在犯罪现场收集的样品进行比对，以找出真凶。

扩展实验

尝试一下用其他的水果和蔬菜再次进行这个实验，甚至可以提取你自己的DNA。先用牙轻咬口腔一侧内壁，把满是细胞的唾液吐到罐子里，然后可以这样提取你的基因：用洗涤剂分解细胞，再用一些冰冷的酒精让DNA显现。

让你的感觉上当

你是否曾注意到，当闻一种味道时，一开始感觉很浓，但后来就会感觉变淡了？或者，刚跳进海里时感觉水很冷，但后来却感觉暖和了？当然，真实情况并非如此，只不过是你的神经系统在欺骗你罢了。这是为什么呢？

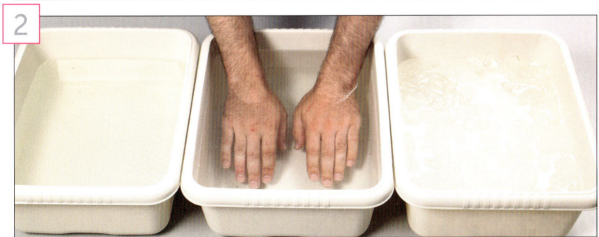

◆ 在实验中，你需要准备三个碗或桶、一些冰块和一些热水与冷水。

◆ 把三只碗（或桶）在伸手可及的范围内并排放置好。

◆ 在左边的碗里加入冰块，再倒入冷水大约到5厘米深。预留足够的时间，保证在实验之前让水温足够低。

◆ 然后，在中间的碗里放一些温水，在右边的碗里放一些热水（但别太烫）。

◆准备好之后，把一只手放进左边的冷水里，另一只手放进右边的热水里。

◆让双手浸在不同温度的水中约一分钟，然后同时迅速将两只手放到中间的温水里。

◆尽管你两只手现在接触到的水温度相同，但一只手会感觉水是热的，而另一只手却会感觉水是凉的！你还会观察到，原来放在冷水里的那只手变红了。

实验原理

这个实验显示了身体的适应性，它是神经系统防止感觉超载的方式。手变红则是一种身体的保护机制，能让人在寒冷时保持体温。

温度信息被皮肤上的热感应神经末梢接收，再以脉冲的形式传递给大脑。当温度升高时，感应热的神经会发送脉冲信号，当温度降低时，感应冷的神经会起作用。

这两种形式的神经纤维都含有对热敏感的化学物质，会随着温度变化来改变自身形状。这种改变被用来控制神经细胞的活动程度和发送给大脑的脉冲数量。

这些细胞不记录绝对温度，相反，它们只测量温度的相对变化。变化越大，它们的活动越强烈。经过起初的强烈活动之后，它们会再次关闭，就像对环境变化失去了兴趣一样。

当手从冷水移到温水中时，皮肤尚感应热的神经变得活跃，而感应冷的神经的所有活动却被关闭。这样就会"欺骗"你的大脑，让你感觉水很烫。

对原来浸在热水中的手来说，情况是相反的。温度的突然降低激活了感应冷的神经，并关闭了原来感应热的神经所有的活动。这使得大脑认为水应该是冷的。幸好，过一段时间后，随着神经对温度的响应逐渐平稳并趋向一致，两只手的感觉都开始一样了，这个过程叫作适应性。

那么手为什么会变红呢？这是由于一种保护身体过度损失热量的本能反应。当身体的某个部位变得很冷时，给这个部位的皮肤和表面组织供血的血管就会收缩，流经皮肤表面的温血会减少，从而降低了热量的损失。你可能还会注意到，浸在冷水中的手会变得苍白。

机体组织依靠血液流动来输送氧气和能量，并清理身体中产生的废物。如果由于某种原因血液供应减少了，细胞就会缺少能量，废物也会堆积起来。结果就是，当恢复血液供应时，需要比正常情况下更多的血液来给细胞补充能量并清理过多的垃圾。

当你把冰冷的手放入温水中时，收缩的血管再次张开，此时的血管会比平时更粗，血液迅速涌进来，让皮肤看起来发红。这种现象叫作反应性充血。

实际应用

如果没有适应过程，我们感觉的信息会超载，也就会发现很难分辨环境中的重要信号。正是因为身体的适应性让我们过一会儿就能习惯周围的味道（幸运的是，有时会非常快），同时也解释了为什么我们会在大多数时间里对自己身上穿的衣服"熟视无睹"。

扩展实验

与实验中把双手都放到不同水温里，可以尝试一下只是交换双手的位置——把热手放到冷水中，反过来一样。效果很显著吗？也可以用这种方式产生类似的感官错觉——用毯子轻轻地摩擦一只手，用其他光滑的东西摩擦另一只手，大约一分钟左右，然后在一些书写纸上摩擦双手。你会同时感觉到粗糙和光滑！

带电的糊糊

只晃动气球就能让液体表现得像固体一样吗？答案是肯定的，采用同样的科学原理可用来制造一种叫铁磁流体的材料，它们会随磁铁的靠近而改变自己的行为。

◆准备一些玉米淀粉或玉米面，一些烹调用的植物油、一只塑料勺、一只气球。

◆首先，把足够量的玉米淀粉或玉米面跟植物油混合，做成像厚奶油一样均匀的糊糊。

◆把气球吹起来，在头发或毛衣上摩擦它，使它带上静电。你这么做时，负电荷会从你的头发跑到气球上，使它带上负电。

◆现在取一汤匙调好的混合物，靠近气球，倾斜勺子让混合物慢慢流出。

◆仔细观察糊糊。你会看到混合物朝气球靠近，并且变得更加黏稠、更加僵硬。

实验原理

这个效应是静电在起作用——不同的电荷互相吸引，相同的电荷互相排斥。玉米淀粉或玉米面是由细小的淀粉颗粒组成的，直径不到0.01毫米。正电荷与负电荷在这些颗粒之间是均匀分布的。当带负电的气球靠近时，淀粉颗粒中的电荷被迫重新排列。其中的负电荷被气

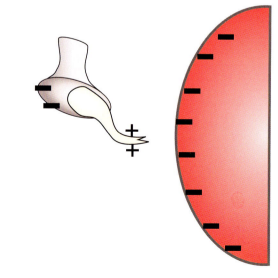

球上的负电荷强烈排斥，跑到离气球最远的一端。这使得离气球最近的一端只留下正电荷。

由于颗粒中的正电荷比负电荷离气球更近，正负电荷之间的吸引力会把小粒拉向气球。这就是为什么玉米淀粉或玉米面朝气球靠近的原因。

为什么要把玉米淀粉或玉米面跟油混合在一起呢？这是因为油是一种绝缘体，它包裹住每一个小颗粒，让它们彼此带的电荷相互隔离，这样电荷就不会在它们之间移动了。其结果就是，当气球靠近时，一端的正电荷强烈

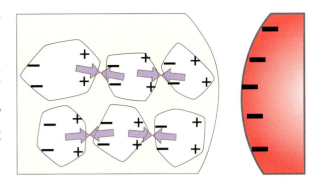

吸引邻近颗粒中的负电荷。这改变了糊糊的黏度，使它变得更加"僵硬"。如果不用油而是用水来代替，那么电荷会从一个颗粒跑到邻近的颗粒上，它们就不再像这样彼此吸引了。

实际应用

带电糊糊的行为是电磁场如何影响液体黏性和行为的一个非常好的示例。如今工程师能制造一种叫磁流体的材料，那是一种油状的液体，包含无数细小的悬浮磁颗粒。当这种液体暴露在磁场中时，颗粒顺着磁场排列，将液体拉伸出一种新的形状和质地。这种技术已经被用来对电脑中运行的硬盘轴承进行密封，防止盘片在旋转时被轴承上的颗粒污染。科学家还

利用磁流体的性质开发出一种新型的高效、环保发电方式——磁流体发电。此外，磁流体在受控核反应方面的应用，有可能使人类从海水中的氘获取巨大能源，使人类最终摆脱能源危机。

扩展实验

用水代替植物油重复这个实验，看看是否还会有同样的效果。

让铜币重新变亮

新铸造的硬币总是闪闪发亮的，但过一段时间就会失去光泽，变得暗淡并沾有污点，这是为什么？这种字面意义上的脏钱都是氧气的过错。

◆这个实验中，你需要几枚已经失去光泽的铜币，一些白醋或者柠檬汁。

◆在酒杯或茶杯中倒一点醋或柠檬汁，放入铜币。试着让一个硬币靠着容器的壁直立，让它有一半露在液面以上。

◆等10分钟，然后取出硬币，用餐巾纸擦干。

◆有什么变化吗？你可以用只浸入一半的那枚硬币来做对照。它们应该如同重获新生一样，所有的污渍都被清除干净了。现在，你有一个洗钱机啦！

实验原理

这是发生在酸中的化学反应，可用于清理物体表面和去除无用的氧化物，甚至可以用于处理生锈的车辆。铜币上形成的污渍是由于金属与空气中的氧反应生成了氧化铜，它呈黑色，这就是为什么铜币会随时间变得越来越暗淡的原因——因为氧化层在变厚。氧化层可用含酸的液体来清除，比如含有醋酸的醋，或者含有柠檬酸的柠檬汁。酸释放出带电的氢原

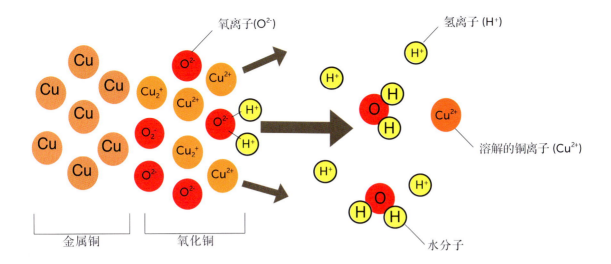

氧离子(O²⁻) 氢离子 (H⁺)

溶解的铜离子 (Cu²⁺)

水分子

金属铜　　　氧化铜

子，也叫氢离子(H⁺)，它与氧化铜中带负电的氧反应把它变成了水 (H_2O)，和氧结合的铜则被溶解出来，留下了纯金属铜表面。

　　如果在无色的醋中浸入大量的硬币，你会见到氧化铜分解的效应——醋会变成绿色，这是醋酸铜。如果你把液体放在浅碟里并靠近热源让所有的液体都蒸发掉，你会得到一些特别绿的醋酸铜晶体—— 但千万别吃！

实际应用

　　就像铜币会和空气中的氧发生反应一样，制造汽车、卡车和轮船的铁一有机会就会被氧化，结果就是生成氧化铁或铁锈。幸运的是，清理铜币的技巧同样可用来解决这个问题。当车身上产生锈斑时，技师会先清除喷漆和要脱落的材料，然后对有问题的地方用浓缩磷酸来处理。磷酸与铁锈反应生成磷酸铁，使原来的氧化层被代替。这样，不但处理了铁锈，还可以防止了下面的金属接着被腐蚀。擦掉过量的磷酸后，相应的地方会被重新喷漆。顺便提一下，磷酸还是可乐的成分之一，这也是它能够有效溶解牙齿的主要原因。所以，为了保护牙齿，应该尽量少喝可乐。

扩展实验

　　用厨房中的其他食物和化学物质重复这个实验，看看有没有同样的效果。特别要试一下柠檬或软饮料。

神奇的表面张力

为什么气泡是圆的？为什么水黾可以在水面上行走而不会沉下去？在这个实验中，我们将揭示表面张力的威力。

◆你需要一个干净并且干燥的大碗，以及水、火柴和一些洗洁剂。

◆在碗里装满水并等它平静下来。

◆轻轻把火柴放置到水的表面上，使其漂浮。

◆在指头上涂一点洗洁剂，轻轻触碰火柴一侧的水面。马上，火柴会快速向远离洗洁剂的方向移动。

实验原理

这个实验现象是水的表面张力在起作用，它是在20世纪初，由德国一名家庭主妇兼业余科学家阿格尼丝·珀克尔斯在洗碗时发现的。

水分子的化学分子式为H_2O，它的形状就像一个回旋镖，由两个氢原子构成两个臂连接在由氧原子构成的顶点上。氢原子稍微带正电而氧原子则稍带负电。由于不同的电荷会相互吸引，因此，一个水分子中的氢会被相邻分子中的氧吸引，这就形成了所谓"氢键"，它把水分子连在一起，使水带有一定的黏性。

结果，液体内部的水分子完全被其他水分子包围，相互以氢键连接。但在水的表面上，水分子不能在所有方向上都形成氢键，因为它们的上面是空气。这意味着从液体内部移动一个分子到表面会消耗能量，因为要断裂的键比要重新生成的要多。为抵抗这种事情，水的表面总是收缩到最小使得要断裂的键最少，这种收缩的力就是表面张力。

那么，为什么加一些清洁剂时火柴会快速穿越过水面呢？这是因为所有的洗洁剂都是表面活性剂，它们会在液体表面形成一个薄层，使水分子能形成氢键，这意味着表面不再需要收缩，因为水分子运动到哪儿都不再需要

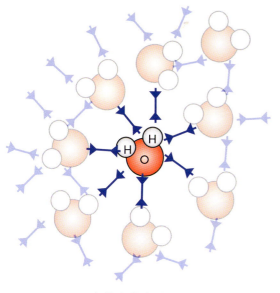

水体中的分子

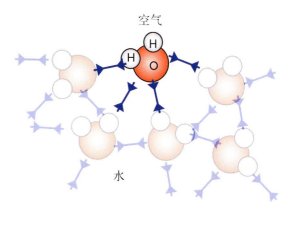

水表面的分子

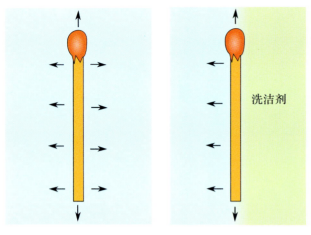

洗洁剂

破坏额外的氢键了。这样产生的效果就是消除了表面张力。

当肥皂加到火柴的一侧时，另一侧的表面张力不变，至少短时间没变，它会持续拉动火柴。起初，各个方向拉动火柴的力是均匀的，火柴因此保持不动，而当一侧失去表面张力时，产生的净力会朝一个方向拉动火柴，火柴就会被拉向表面张力的方向。

实际应用

正是表面张力让你能够吹出圆圆的泡泡，让雨水在你新打蜡的车上形成圆形的水滴，并防止了水黾之类的昆虫在水中溺死。

对于泡泡和雨滴来说，球形是最有效的形状，它以最少的表面积包含了最多的水。这样可使使液体表面水分子最少，从而形成的氢键总数最多，整体能量最低。所以，表面张力将液态水拉成了圆形水滴。

水黾采用了稍微不同的策略。如果能捉到一只水黾，你会看到它的每条腿在接触水面时都会形成一个浅浅的坑。这个坑增加了水的表面积，所以水会试图让表面积再次减少，在这个过程中会向上推昆虫，把它撑起来。

扩展实验

你可以通过在水面上漂浮缝衣针或别针来发现表面张力。如果直接扔到水中，这两种东西都会沉下去。但如果你先把它们放到一小块卫生纸或报纸上，然后浮在水面上，纸会沉下去，缝衣针或别针就会被水的表面张力撑起。

制作"水镜片"

提起放大镜，在你说出福尔摩斯的名字之前，很多人就已经想象到了手持巨大玻璃镜片的侦探。其实，你还可以用很多东西来做镜片，甚至可以用水来制作放大镜。

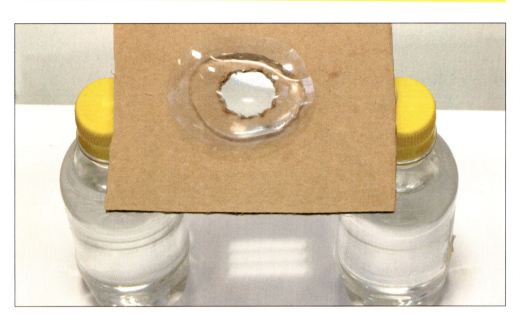

◆在这个实验里，你需要准备一只空的塑料饮料瓶、一把剪刀、一张白纸、一些水和一盏明亮的吊灯。

◆用剪刀小心地从瓶子上部靠近瓶颈的地方剪下一块圆片，直径大约8厘米。你应该会得到一片弯曲的、盘状的塑料片。

◆把这个塑料小盘子注水到半满，你就制作好了一个"水镜片"。然后，把"水镜片"放在白纸的上方和明亮的吊灯的下方。为了让"水镜片"放得平

稳，你可能需要一块有洞的硬纸板。你应该能在白纸做的"屏幕"上看到灯的影像。

◆上下移动"水镜片"，使影像聚焦，让它看起来非常清晰。这个"水镜片"的行为和照相机、放大镜所用的凸透镜的原理是一样的。

实验原理

当你把一根筷子放到水里时，它看起来是弯的，这个现象叫折射，它是由荷兰数学家和天文学家威尔布洛德·斯内利厄斯在17世纪初发现的。

当光线从空气进入"水镜片"时，由于水是密度大的介质，光线的前进速度就变慢了。当光线离开水重新进入"水镜片"下方的空气时，速度又快了起来。由于下方的水面是弯曲的（因为"水镜片"的形状决定了水的下表面形状），靠近"水镜片"边缘的光线会比靠近中央的光线稍早一点重新进入到空气中。这样产生的效果就是光线会朝镜片中央弯曲，把光线朝一点汇聚。

还有个好办法，就是想象一辆拖车沿着车道行走。在车道的尽头有一块小草坪，形状就像实验中的"水镜片"。拖车的左轮驶进草地的中间，而右轮进入右边边缘。就像光线通过镜片一样，拖车进入草坪速度会变慢（可能是由于轮子会稍微下陷），当离开草坪后它又会再次变快。因为草地像镜片一样弯曲，右轮会比左轮早一点离开草地返回硬车道。这意味着右轮开始再次变快了，而左轮仍然在以较慢的

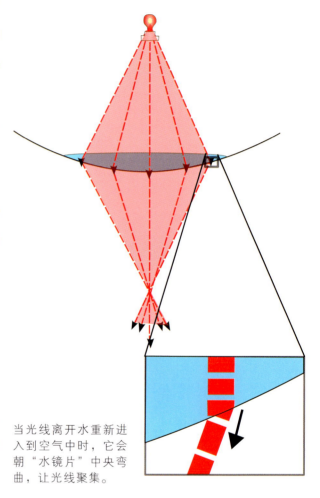

当光线离开水重新进入到空气中时，它会朝"水镜片"中央弯曲，让光线聚集。

速度通过草地，效果就是拖车会向中央偏转。当光线通过水时也发生了完全一样的事情，结果是上面的光线会朝下方纸上的一点聚集。

实际应用

照相机的工作原理与这个实验很相似。相机前的镜头和实验中的"水镜片"原理一样，只不过它是用玻璃做的。镜头将来自远处的光聚集在相机内部的一点，那个地方安装有对光线敏感的芯片。通过手动调节镜头得到清晰的图像过程，其实就是将镜头前后移动，就像这个实验中上下移动"水镜片"一样。

在相机中，这样的镜头系统往往复杂并且带有可移动部件，很容易出现故障。研究人员正在研发由单一液滴构成的微型镜头，可通过施加微量的电流让它聚焦，用来为盲人制作人工眼，或者制作显微成相系统的部件。不管哪样，其本质上都是这个"水镜片"的缩小版。

扩展实验

拿第二个物体放在不同的高度上。通过上下移动镜片看看你怎样对它们聚焦。

把物体放在镜片下方来试试你镜片的放大能力。它们看起来变大了多少？

自制熔岩灯

在红色、蓝色或绿色的液体中上下翻腾的泡泡如熔岩般缓缓流动，色彩艳丽，变幻无穷。熔岩灯（水母灯）这种室内装饰品已风靡世界几十年，那它是怎么工作的？这个实验将教你如何仿制一个克雷文·沃克在20世纪60年代的著名发明。

◆这个实验需要准备一个又高又大的罐子或者大平底玻璃杯，一些食用油、一些水、一些颜色鲜亮的食用色素（不是必须的）以及一些泡腾片（如维生素C泡腾片）。

◆在罐子或大平底玻璃杯里加水到大约1/4的位置，再加进食用色素搅拌，直到将水染上浓重的颜色。

◆然后加入食用油，填满罐子其余大约3/4的部分。油会浮在有颜色的水层上面。

◆现在，放入泡腾片。

◆泡腾片会沉到水层的底部并产生带颜色的泡泡，泡泡会上升到油层的顶部，然后再下降。

实验原理

流体（气体或液体）通过自身各部分的流动实现热量传递的过程叫作对流。对流现象是因为密度差引起的一种物理现象。

油浮在水层上是因为它密度相对较小，而水分子之间则通过氢键紧紧地粘在一起。这使得油要挤进水分子中间变得很困难，所以两种液体将保持分离——它们是不相溶的。

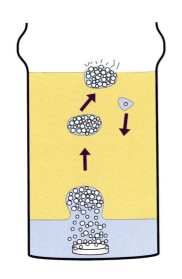

泡腾片的密度比油和水都大，所以它投入水中后会沉到底部。泡腾片中含有酸（通常是柠檬酸）和碳酸氢钠，投入水中后，这两种物质会发生化学反应相互结合，产生二氧化碳气体。这就是你在瓶子中看到的气泡。

二氧化碳气泡比水和油都要轻（密度较小），所以它会穿透两层液体上升。当它们升到顶部时，二氧化碳跑到空气中，气泡里夹带的水又沉到了罐子底部。

实际应用

真正的熔岩灯中的泡泡并不是二氧化碳，但原理几乎一样。熔岩灯的底部安装有一个白炽灯灯泡，它会加热装满水的瓶子。瓶子里装有一些蜡质材料，它在低温时会比水稍重一些，所以沉在底部。

当蜡质材料受热时会熔化并膨胀，最终变得比水的密度小，从而会升到熔岩灯的顶部。

熔岩灯顶部离灯泡很远，温度要低得多，所以蜡质材料会冷却并收缩，这使得它再次变得比水的密度大，从而沉回到熔岩灯底部。整个过程又重新开始。

对流现象在自然界广泛存在。岩浆从地球深处上升到地球表面；热空气上升到高空，较冷的空气从其他地方补充进来形成风；冷水里面掺热水，即使不搅拌，最后水温也会趋于一致……这些都是常见的对流现象。

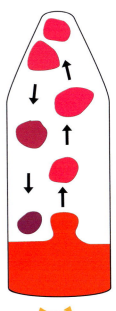

扩展实验

类似的效果可以用油和水混合产生。把三份油加到一份水中，然后洒进盐或糖的晶体。当晶体下沉时，它们会被裹上一层油。到杯子底部时，油被释放出来，以液滴形式在水中上升。

方糖里的奇怪闪光

当打开一些自封袋的封口时，你有没有留意过一种奇怪的蓝色闪光？这其实是摩擦发光现象。下面这个实验将揭示这种现象是如何产生的。

◆ 本实验需要一些放在碗里的方糖块、一把钳子和一个非常暗的房间。

◆ 实验开始之前，将准备好的所有材料放在面前，并记住它们的位置。

◆ 关灯，在黑暗中待上几分钟，直到眼睛适应黑暗的环境。

◆ 不要打开任何光源，拿起钳子和一块方糖。

◆ 用钳子夹住方糖，尽最大的力气将糖块夹碎。

◆ 在捏紧钳子时仔细观察，你应该能看到从糖块里发出的蓝绿色闪光。

实验原理

这个发光现象叫作摩擦发光。"摩擦发光"的英文单词是triboluminescence，它来自希腊语的tribein（$\tau\rho\iota\beta\epsilon\iota\nu$，意思是"摩擦"）和拉丁语的lumen（意思是"光"）。英国作家弗朗西斯·培根在1620年第一次描述了这个现象。他写道："大家都知道，当糖——不管是成块的还是散的——只要是硬的，在黑暗中被压碎或被挤压时会发光。"现在，我们知道了其中的原因。

这些糖的晶体是不对称的。当它们被挤压时，它们断裂的方式可能会导致碎块带有不相等的正电荷和负电荷。如果你继续挤压糖块，一些带有不均等电荷的碎片会被扯开。由于正电荷和负电荷相互吸引，抵抗这种吸引力把它们分开时会让

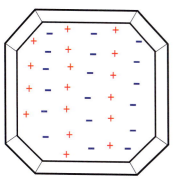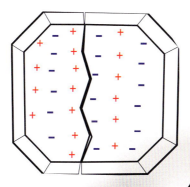

电荷带上了更多的能量，从而产生了高电压。

最终，当电压高到足够克服空气的天然电阻时，火花就会像小型闪电一样在裂缝之间跳跃。产生闪光是因为电流激发了空气分子，它会瞬间让空气分子中的电子进入更高的能态。此外，当被激发的电子回归到常态时，它们以光的形式释放能量，其中有一些是我们能看到的闪光。

实际应用

在切割和打磨钻石时，你也会看到摩擦发光现象（会产生蓝色或红色闪光），但如果你买不起钻石，用燧石也行！当天色较暗时，在覆盖燧石卵石的海滩上，如果你朝地上扔一块卵石，由于燧石里二氧化硅中发生的摩擦发光，你会看到微弱的绿色闪光。

扩展实验

你还可以用一些自密封的信封来演示摩擦发光。如果你在黑暗的房间里撕开胶条，你会看到微弱的蓝色闪光，胶的分子会像糖块一样，在你撕开它们时会导致电荷分布不均匀。

让烤炉架变成大笨钟

可以让烤炉架的声音听起来像著名的伦敦大笨钟吗？答案是可以的，这个实验就可以做到这点。

◆你需要准备一个烤炉中用的铁架子（要确保它是凉的）、一些细绳、一只木勺或类似于鼓槌的东西，此外还需要一名助手。

◆截下两根细绳，每根大约1米长，在烤炉架相邻的两角各系一根。

◆将每根细绳的另一端分别缠在两只手的食指上，站起来。

◆用细绳把烤炉架子吊起，让它悬在半空中。

◆让你的助手用勺子敲打金属炉架，聆听它发出的声音。

◆把缠绕着细绳的手指放进耳朵里。你需要稍微前倾一点，保证架子仍然悬在半空中。

◆让你的助手再次敲打架子。

◆它听起来应该会像大钟一样在你的大脑内回响。但对你的助手来说，它的声音和以前一样，即使他和你一样，也把指头放进耳朵里。

实验原理

这个实验演示了声音如何形成，以及它在空气和其他介质中的传播方式。当敲打炉架时，炉架会振动并使周围的空气密度发生变化，形成声波。声波传到耳膜使其振动，耳膜再把振动传递给耳蜗，在那里转换成大脑能够理解的电神经信号。

在空气中高频的声音（高音）传递效率更高，因此烤炉架子自由悬挂时只听到高音。这是因为空气是与水类似的流体。如果在水中慢慢挥手，你会感觉阻力非常小，这是因为水能够轻松地从你的手边流走，也不能形成水波。但如果你快速拍打水，或者尝试在水中快速移动，则会感到很困难，这是因为会水来不及给你让路，并激发出水波。

同样的道理，来自烤炉架的高频振动强迫空气快速运动，很容易形成声波。但是，低频率振动要慢得多，激发的声波要弱得多，很难听到。

那细绳起来起什么作用呢？烤炉架子的重量让细绳拉得很紧，所以它就像一根理想的导管，让振动较慢的低频声波通过细绳传递至你手指上。

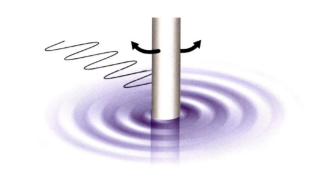

声调高时，快速的振动意味着空气没有足够时间让开，所以它会堆积起来，形成声波。

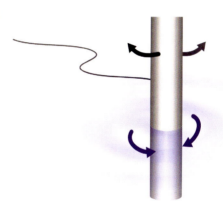

声调低时，空气有时间离开缓慢振动的烤炉架子，所以只产生了弱的波动。

当把你的手指插入耳朵后，手指与头骨的接触把低频声波直接传递给了内耳中的耳蜗，它们在那里变成了神经信号。这样，你能像听高频声音一样听到了低频声音，敲击炉架的声音也就和大笨钟很像了。

实际应用

这个实验可以解释为什么听自己的录音时你会感觉不像自己的声音。这是因为当你说话时，声音以两种途径到达你的耳蜗。一些声波离开你的嘴巴，绕过头部的空气到达你的耳膜，在那里以常规方式收集，但口腔的振动则被直接传递给了头骨，它们不需要通过空气而直接传递给了耳蜗。

你听到的自己的说话声音其实是两个传导路径（骨头和空气）混合的声音，这就像你把手指插在耳朵里去听烤炉架的声音。而录音机记录的只是空气传导的声音，这就像自由悬挂的烤炉架的声音一样。现在你明白了，为什么录音机记录的自己的声音听起来完全不像是自己的。更糟的是，它就是别人实际听到的声音！

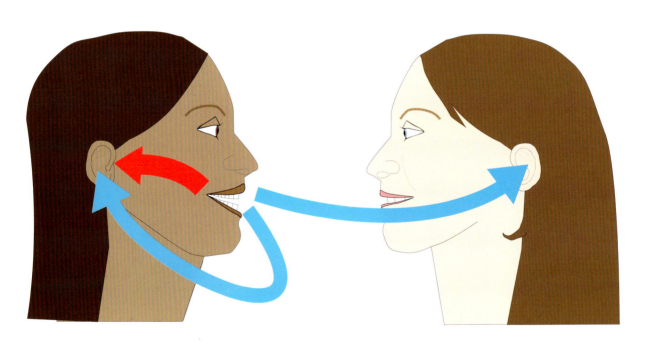

当你说话时，你听到的是通过空气和头骨传导的声波的混合，但听你说话的人只听到通过空气传导的声音。

扩展实验

用房间里的其他物体做这个实验，看看它们是否有同样的效果。

让荧光棒"冷静"一下

我们身边的许多关键过程都是通过化学反应来提供能量的。人体会把食物转化为能量，发电厂把煤变成电能，植物把二氧化碳和水转变为糖和氧气。那什么是化学反应，我们怎么才能控制它们呢？

◆ 本实验需要准备几根荧光棒、一些冰、一只碗和一些盐。

◆ 把冰放到碗里，倒上水，大约到冰高度的3/4。

◆ 在冰的表面上撒几勺盐，这会把温度降低18℃。

◆ 然后取一根荧光棒（要奢侈点就多拿几根），掰弯或者压碎它，让它发光。摇晃它，保证化学物质充分混合。

◆ 现在把荧光棒插进冰里，留一半暴露在冰的表面。或者，如果你没有冰的话，你可以用两根荧光棒，放一根在冰箱里，另外一根在室温下。

◆ 10分钟后，把荧光棒从冰里取出，比较两个末端。其中一端应该比另一端发的光更明亮。

◆ 把荧光棒冰冷的一端放在手掌心滚动约20到30秒，再次比较。

◆ 根据冷却的程度，荧光棒冷冻的一端几乎会全部停止发光。等它再热起来时，它又会再次发光。

实验原理

这个实验显示了温度对化学反应速度的影响。荧光棒是通过一种化学反应来发光的。它由两根管子组成，其中一根在另一根的内部，它们分别装有不同的化学物质。内部的管子很脆，充满双氧水（一般用来消毒和漂白）。当荧光棒被掰折或挤压时，里面的管子破裂，双氧水跑到外面的管子里，并和里面的草酸二苯酯以及一种荧光染料混合。

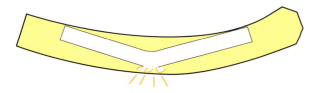

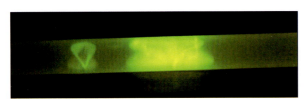

双氧水与草酸二苯酯混合后发生化学反应，草酸二苯酯分解并释放出能量。能量被染料分子吸收并被激发，然后以光的形式释放能量。这个反应中的另一个产物是二氧化碳，所以荧光棒里常常带有小泡泡。

这类化学反应是通过两种不同分子相互碰撞来进行的。只有相互碰撞的强度足够大，它们之间才会发生反应。就像无意中撞到某个东西那样，撞过的人都明白，移动得越快，撞伤就越重，因为碰撞涉及到的能量也越大。

化学反应也是如此。温度越高，粒子运动得越快，它们之间碰撞的次数越多，能量也越

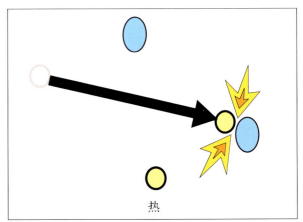

热

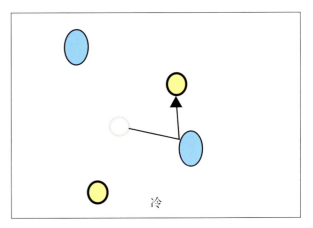

冷

温度越高，粒子的运动能量越大，它们相互碰撞的强度就越大，发生化学反应就越容易。

高。一般来说，温度每升高10℃，化学反应的速度大约增加一倍。

反过来也是如此。如果物体冷却下来，粒子运动变慢，相互之间的碰撞机会就会降低，撞击力度也更轻微，化学反应的速度就降低了。因为这个化学反应产生了光，反应得越慢，荧光棒就越暗淡，所以荧光棒在冰中冷冻的部分产生的光更少。

实际应用

爬行动物（如蜥蜴和蛙）属于冷血动物，它们无法像哺乳动物（例如人类和其他兽类）那样通过产生热量维持体温，体温会随着环境温度而变化。当环境变冷时，它们的体温会下降，新陈代谢的化学反应也减慢。这会影响这些动物的活力，并限制了它们移动的速度。运动缓慢的蜥蜴在捕食或者逃离捕食者时更加困难。为了克服这个问题，它们需要晒太阳，以吸收热量并提高代谢率，保证它们在需要时可以快速逃走。而哺乳动物属于温血动物，体温保持不变，一年四季都可以自由活动。

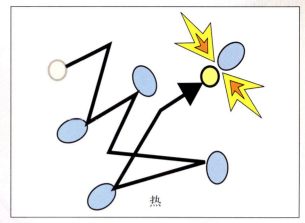

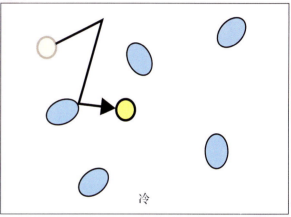

温度越高，粒子运动得越快，它们和其他粒子碰撞的机会更大，从而增加了化学反应的速度。

扩展实验

如果你在晚上得到一根已经激活了的荧光棒，并且想让它第二天再用，可以把它放冰箱里。要重新激活，只需要再次加热它！

自制跳跳糖

跳跳糖放到嘴里时为什么会嘶嘶作响呢？在这个甜甜的实验中，我们将告诉你如何自己动手制作跳跳糖，并了解跳跳糖为何能"跳"。

◆你需要准备一些碳酸氢钠（小苏打）、一些柠檬酸、一些制甜点用的糖粉（或棉白糖）和一只干燥的碗。如果你想保存自己的跳跳糖，还需要准备一个带密封盖的容器以防止受潮。

◆把一汤匙碳酸氢钠和三汤匙柠檬酸混合，加入七汤匙糖粉。

◆现在用汤匙取一点尝尝！

◆一旦你的口水碰到粉末，它就开始嘶嘶地起泡了（甚至能直接听到声音），你的嘴里就会充满了泡泡。

实验原理

你在味蕾上启动了一次酸碱之间的化学反应，产物之一是二氧化碳，这就是在舌头上感到的嘶嘶声。酸这种化学物质加到水里时会释放出带电的氢离子，它们非常活跃，会和其他化学物质结合以变得更加稳定。

它们很容易进攻的一种物质就是碳酸氢盐，它是由二氧化碳连接上一个额外的氧原子和氢原子所构成的。当氢离子和碳酸氢盐反应时，就会释放出二氧化碳，并与额外的氧和氢结合，生成一个水分子。这些产物都非常稳

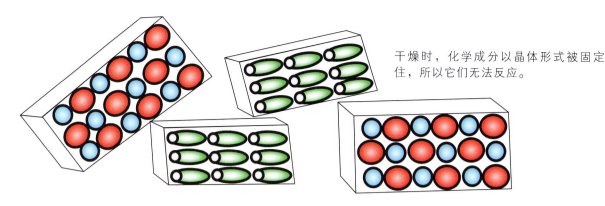

干燥时，化学成分以晶体形式被固定住，所以它们无法反应。

定，所以反应会发生。

　　酸（在这个实验中是柠檬酸），只有在水存在时才会产生与碳酸氢盐反应的氢离子。这就是为什么柠檬酸和碳酸氢盐可以混合在一个盘子里，但只有受潮时（比如放到了你嘴里）才开始反应。水也会让酸和碳酸氢钠溶解，使这两种化学物质更容易混合。

当溶解在水中时，这些成分就可以相互混合并发生反应。

实际应用

　　就像制作成跳跳糖一样，这种反应也用于制造治疗头痛的泡腾丸和维生素C的泡腾药剂。

　　它在厨房中也能派上用场。发酵粉和自发面粉中都混有酸（比如酒石酸）和碳酸氢钠。当加入水时，两种化学物质开始反应，就像上面的实验一样生成二氧化碳。气体被困在食物混合物中形成小泡泡，让你的蛋糕膨胀变大。

扩展实验

　　将一汤匙发酵粉倒入少量热水中，你应该能看到它嘶嘶作响。注意：不要把发酵粉与发酵用苏打弄混：发酵用苏打里只有碳酸氢钠而没有任何添加的酸，把它们弄混，会让你制作的蛋糕软塌塌的。

当植物遇到盐

植物在炎热的天气里变蔫，但浇水后几分钟又会变得挺直。这是为什么呢？这个实验中，借助土豆的帮助，我们来发现水的力量，并解释为什么鼻涕虫遇到盐就会干瘪。

1

◆你需要准备一只大小合适的土豆、一把刀和切菜板、一些盐（或糖）、热水、水壶和两只碗。

◆先在水壶中倒入一两杯（300毫升）热水，在里面加入盐（或糖）使其溶解。要使溶解的盐（或糖）达到饱和状态（无法再溶解）。

◆这时，把水壶放旁边等它冷却。

◆把土豆削皮，切成炸薯条一样的长条。保证它们至少5厘米长，大约1厘米宽，0.5厘米厚。

◆注意观察薯条，它们现在是硬梆梆的，如果你拿住一端，它们会保持挺直。

◆等水壶里的盐（或糖）溶液冷却后，把液体倒进一只麦片碗中。

◆拿几根薯条放到碗里，保证它们完全被液体浸没。

◆取第二只麦片碗，加上清水，放进相似数量的薯条。

◆要保证你自己清楚哪只碗是什么液体，让它们泡上一夜。

◆在早上，从清水碗里取一根薯条。它应该仍然是硬梆梆的，拿住一端时会保持挺直。如果你把两端对掰，薯条会折断。

◆现在从盐（或糖）溶液中再取一根薯条观察，它应该是软塌塌的，甚至能把它弯成一个圈。

实验原理

这个实验显示了细胞壁的渗透现象，它是法国生物学家亨利·杜托息在19世纪初发现的。和我们的身体一样，植物也是由无数小小的细胞组成的，直径大约为1/50毫米。包围着细胞的是细胞壁，它由坚硬的纤维素聚合而成，可以帮助植物保持形态。细胞内部有一层油状的薄膜叫细胞膜，它就像一个筛子，控制着进出细胞的物质。细胞内部含有浓度很高的糖类、无机盐、色素和蛋白质等物质，这就形成了渗透压，使得除水之外的其他化学物质难以自由地穿过细胞膜。同时，由于渗透压的作用，水会被吸入细胞内部，使细胞膨胀，从而使植物挺立。

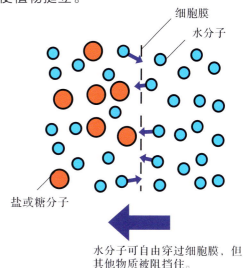

细胞膜

水分子

盐或糖分子

水分子可自由穿过细胞膜，但其他物质被阻挡住。

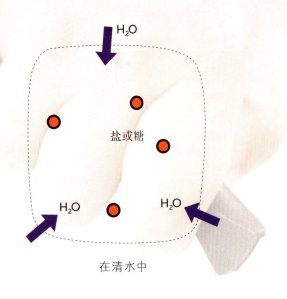

H_2O

盐或糖

H_2O H_2O

在清水中

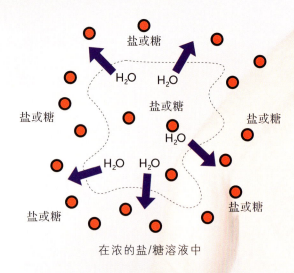

盐或糖

H_2O H_2O

盐或糖 盐或糖

盐或糖

H_2O

H_2O H_2O

盐或糖 盐或糖

在浓的盐/糖溶液中

实际应用

当摘下来的花失去水分开始枯萎，或者植物在炎热的天气里变得萎靡，都是发生了同样的过程。幸运的是，如果发现得足够及时，在发生永久伤害之前给细胞补充水分，这个效应是可以逆转的。

这个原理也可以说明为什么盐碱地中植物很难生长。这是因为盐碱地的水含有浓度很高的盐，由于渗透压的作用使植物细胞失水导致植物死亡。同样道理，如果在鼻涕虫身上涂上盐，鼻涕虫细胞中的水分就会流失，身体变得干瘪死亡。用盐或糖来腌制食物，防止其腐败也是同样道理。因为导致食物腐败的细菌在高盐的环境下也是不能生存的。

扩展实验

在盐溶液和清水之间交换薯条，你能让变软的薯条重新变得坚挺吗？

丝线悬冰

如果没有冰箱，还能制作冰激凌吗？能，这个实验会教你怎么做。它也解释了为什么冬天要在路面上撒盐。

◆ 你需要一些冰块、一根棉线（16厘米长）、一只碗和一些盐。

◆ 先在碗里放一块冰。如果冰块刚好开始融化，它的表面会覆盖上薄薄的一层水，这时进行实验效果最好。

◆ 把棉线轻轻放在冰块上面。

◆ 在线与冰接触的地方撒上一点点盐。

◆ 撒完盐之后，等待15秒，然后提起棉线。冰块会冻在棉线上，但冰块在沾有盐的地方是湿的。

实验原理

这个实验依据的是热力学原理。当水结成冰时，水分子之间以氢键相连，按照一定的规则排列在固定在位置上，形成晶体。冰以这种方式排列形成的晶体结构是很稳定的。当冰融化时，需要大量的能量来打破这些稳定的氢键，才能再次释放出水分子。

如果你能看到冰块表面上的单个水分子，你会发现它们当中有一些会脱离冰块并重新变成液体，同时，其他一些水分子又会重新冻结到晶体上。如果不对冰进行加热或冷却，融化和结冰的速度会保持平衡，加入和离开晶体的水分子在数量上是相等的。

加盐之后，盐会阻止水结冰，这就打破了平衡。盐停在水分子中间，使它们回到冰的表面变得困难，所以它们会保持液体状态。其结果就使原有的平衡被打破，原有的氢键减少，为此需要吸收环境中的能量，使冰块的温度降低，最低可达−18℃。

为什么棉线会粘在冰上呢？这是因为盐并不是均匀分布在冰块表面上的，所以冰上会有些地方没有盐，特别是在棉线下方。由于盐的融化效应，冰块温度降低，无盐处的纯水会立刻结冰，把线冻结在冰里。

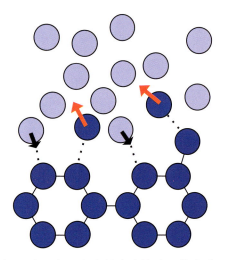

没加盐时，离开和冻结在冰块表面的水分子数量相同。

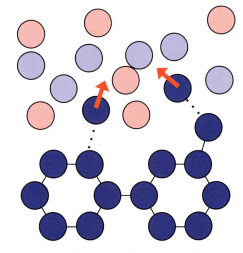

加了盐（红色）后，水分子（蓝色）返回结冰的表面变得更困难了，所以冰会逐渐融化。

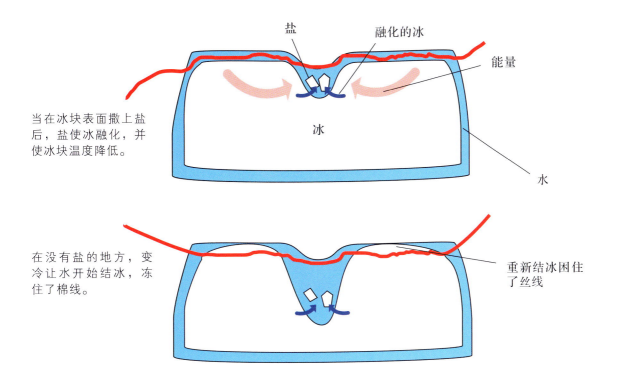

盐　　融化的冰　　能量

冰　　水

当在冰块表面撒上盐后，盐使冰融化，并使冰块温度降低。

在没有盐的地方，变冷让水开始结冰，冻住了棉线。

重新结冰困住了丝线

实际应用

在冰箱出现之前，人们就是用这种方法制作冰激凌的。方法是将冰（冬天时采集的，储存在地下的"冰窖"中）放到大碗里捣碎后加盐，它的温度会立刻快速下降，就和在这个实验中看到的一样。然后，这冰冷的混合物被用来快速冷冻另一只碗里的奶酪和糖。幸运的是，我们今天有了冰箱！

这个实验中的科学原理也被用来防止冬天的路结冰。当预料到有坏天气时，人们会在路面撒上盐。它降低了结冰的温度，所以路面上的水会保持液态，防止道路变成滑冰场。但是，如果温度降得足够低，仍然会结冰，就需要另一种形式的盐。一个环保的但比较昂贵的选择就是乙酸钠，这种盐还用来给盐醋味薯片调味。

扩展实验

尝试自己制作冰激凌：用冰和盐的混合物来冷却一小碗混合的奶酪和调味剂，比如香草精。

87

行为反常的液体

想象一种物质，你不仅能在上面行走，而且能在里面游泳，或者把它卷成一个硬球，再看着它在眼前变成液体。这听上去很科幻，但并非不可能，制造这种神秘材料的物质就在你的厨房壁橱里。

◆ 这个实验需要一小袋玉米淀粉、一些水和一只用来混合它们的大碗。

◆ 把玉米淀粉倒到碗里。

◆ 加少量水，用手将它们混合。

◆ 持续少量加水。作为参考，500克包装的淀粉大约需要一杯（300毫升）水。

◆ 当混合物准备好，你会拥有一种白色的黏滑的液体，当你推、拍或揉搓它时，它表现像固体一样，但你停止动它时，它又恢复成液体状。

◆ 如果在浴缸里填满这种混合物，你能够在它上面行走，不过，一旦停下你就会陷进去！

实验原理

类似潮湿的玉米淀粉这样的液体被称为"剪切增稠"液体，也叫"非牛顿流体"，其行为与流沙正好相反。类似的材料可用来清除地面上的油污，以及制造特殊的身体护具，使它穿戴舒适但在需要时会变得坚硬。

在显微镜下可以看到，玉米淀粉是由无数细小的、不规则形状的淀粉颗粒组成的，每个颗粒的直径不到0.1毫米。当加入水时，水可以在淀粉颗粒间流动，像润滑剂一样使得颗粒能相互滑过，让混合物变得黏滑。当外界突然施加作用力时，淀粉颗粒会挤在一块，把中间的水分挤出去。没有液体的润滑作用，颗粒不能相互滑过去，所以混合物开始变得像固体一样，可以像球一样滚动、弹起、掰断和拿起。一旦作用力移除，混合物又"放松"下来，水分重新包围在颗粒周围，它又变得黏滑了。

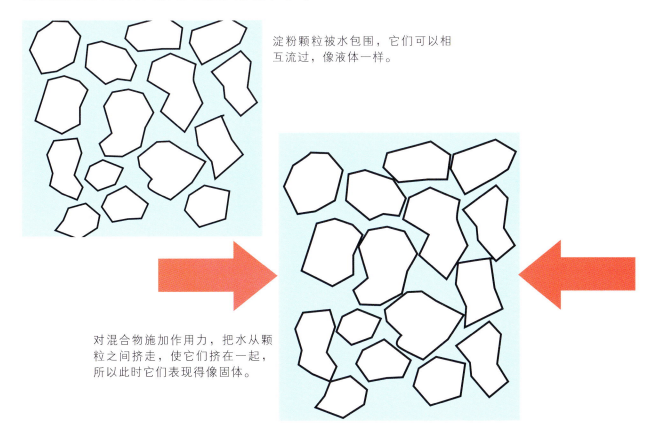

淀粉颗粒被水包围，它们可以相互流过，像液体一样。

对混合物施加作用力，把水从颗粒之间挤走，使它们挤在一起，所以此时它们表现得像固体。

实际应用

在石油勘探过程中，当钻头钻入储油层时，剪切增稠可能成为一个严重问题。通过向钻孔中灌注一种特殊的"泥浆"，可以冷却和润滑钻头，同时将钻井过程中产生的碎石块带上地面。通过研究这些碎石块的成分，科学家还可以了解地层的结构，寻找石油。与此同时，钻井工程师需要密切监视泥浆带上来多少碎石块。如果碎石块太多，它们会挤在一起，就像这个实验中的玉米淀粉一样。这时，输送泥浆的泵会运转很困难，就如同正在压缩由坚固岩石构成的物质，其结果即使不会损坏，代价也很高昂。

剪切增稠液体也是十分有用的。工程师们正在尝试将它们用在像防弹背心这样的身体护具中。防弹背心通常很笨重，它们限制了身体的运动。虽然可以保护躯干，却让穿戴者的腿和手臂暴露。为了解决这个问题，科学家想出了一个办法——在无毒的液体中悬浮细小的玻璃颗粒。轻轻按压时，这种混合物能轻松流动，但当子弹或炮弹碎片撞击它时，玻璃颗粒挤在一起并固化，能挡住飞射的子弹并保护了穿戴者。由于它不像传统身体护具那样厚重，并且也很柔韧，因此也可以覆盖四肢，使其受到保护。

扩展实验

试着在海滩上的湿沙子上蠕动你的脚趾。通常，在人的重量之下，大的砂粒会把它们之间的水挤出去。但蠕动脚趾会让砂粒浮动并相互流过，所以你就开始下沉了。（效果可能会非常戏剧性——在地震时泥浆会变得像液体，整个建筑会以这样的方式崩塌。）

隐形外套

玻璃是透明的，但为什么我们却可以看到它？它为什么不隐形呢？事实上，它可以隐形的，这个实验就可以让它"消失"。

◆ 本实验需要一只大的普通玻璃碗、一瓶食用油、一只小点的能放到大碗里的耐热玻璃碗。

◆ 把食用油倒到大玻璃碗里。

◆ 拿起耐热玻璃碗，把它浸到食用油里。

◆ 从外面观察。你能看到小碗吗？

实验原理

这个实验讲的是折射，以及光线从一种物质（或介质）进入另外一种介质时速度会如何改变。

光线在不同物质中的行进速度是不一样的。它在真空里跑得最快，在空气中稍慢，在水和玻璃中更慢一些。当离开一种介质进入另外一种介质时，比如离开空气进入水中，光线不得不改变速度，这会导致光线的传播路径发生弯曲。这就是为什么我们在日常环境下能够看到玻璃碗的原因，因为光线从空气进入玻璃后速度变慢，并改变了方向。这会扭曲其他物体通过玻璃后以及从玻璃表面反射的图像，这就告诉大脑在路中间必定有一个透明的东西。结果就是，你能够看到透明的玻璃。

但是，为什么小碗浸入食用油时会消失呢？这是因为，光线在食用油和耐热玻璃中传播的速度几乎相同。因此，当光线从一种介质进入另外一种介质时速度不会改变，也就不会发生折射。这样，你的大脑就无法知道穿过食用油的光线也穿过了耐热玻璃碗，也就无法知道碗在哪里，所以它消失了！

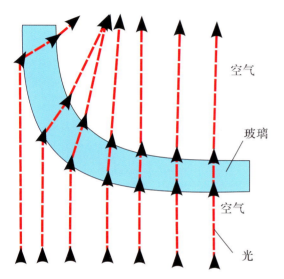

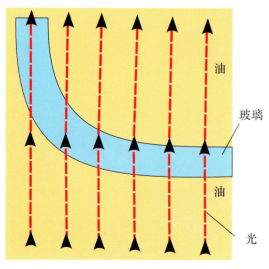

实际应用

通过这个实验，你就可以知道为什么你容易被水槽里的碎玻璃割破手指，以及为什么玻璃在湿了后看起来更有光泽。

光线在玻璃和水中的速度尽管不一定完全一样，但足够相似，所以在它们之间通过时光线折射不会特别厉害。所以你在洗碗时如果打碎了玻璃，就很难发现水中的碎片。

同样，旧玻璃杯在打湿以后会变得光亮如新，干了后又雾蒙蒙的并且满是刮痕。与紧挨着的未被刮磨的玻璃相比，表面的刮痕让光线朝不同的方向发生反射和折射，这使得刮痕发白。当玻璃湿了之后，刮痕被水填满变得平整，它们就消失了，这有点像这个实验中的耐热玻璃碗。

扩展实验

试试用非耐热玻璃碗做同样的实验，看看效果如何。

自己动手做奶酪

牛奶是什么，为什么放冰箱里太久它会凝结成一块一块的？这个实验会教你如何从牛奶中分离出一种成分，也就是提取奶酪的方法。

◆这个实验中需要准备一些牛奶、一只玻璃杯、少许醋（或柠檬汁）、咖啡过滤器或一些厨用纸巾。

◆在玻璃杯子里加些牛奶。

◆再加少量醋，持续旋晃。

◆很快就能看到牛奶形成了白色雪花状的固体，停止旋晃，它们会沉到杯子底部。

◆旋晃杯子，让颗粒重新悬起，用咖啡过滤器或纸巾来过滤混合物。

◆你会得到一种白色固体，它可以被压成结实的小块。这是一种脂肪和酪蛋白的混合物。酪蛋白构成了大部分的牛奶固体，它是制造奶酪的材料。过滤后的液体应该是清澈的，称为"乳清"，它是一种乳糖和矿物质的混合溶液，包括钙和磷（当然还有一些醋）。

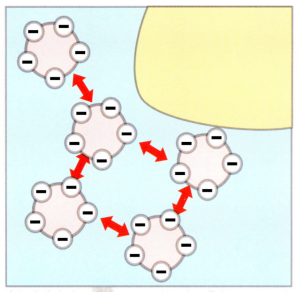

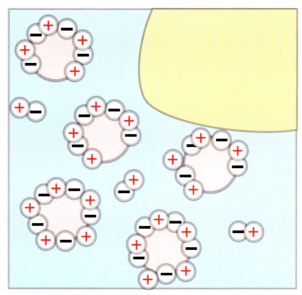

牛奶中含有水（蓝色）、脂肪小球（黄色）和酪蛋白微团（粉色），它们因为带负电而相互分离。

带正电的氢离子中和了带负电的酪蛋白。

实验原理

　　醋是一种酸，它可以触发酪蛋白之类的蛋白质改变形状和溶解度。这个过程叫作变性反应，加热和加碱也有同样的效果。酪蛋白之类的蛋白质是有机聚合物，由氨基酸这种基本的的化学构造"元件"相互连接构成。某些氨基酸会排斥水，另一些会吸引水，所以蛋白质会把自己折叠成一种形状，把喜欢水的氨基酸放在蛋白质的外围，排斥水的氨基酸放在里面。这一过程赋予了蛋白质的独特结构和行为特性。

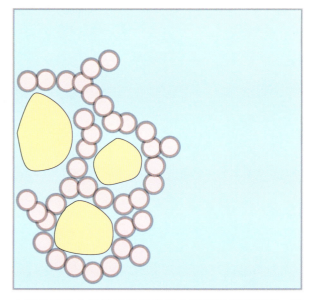

中和的酪蛋白微粒围绕在脂肪小球周围排列起来，留下清澈的乳清。

在牛奶中，一团酪蛋白聚在一起形成一种微小的球形结构，叫酪蛋白微团，其直径不到1微米，所以能悬浮在周围的水中。蛋白质外围的氨基酸带有负电，这让单个微团相互分离并阻止它们粘在一块。

酸（比如醋或柠檬汁）带有氢离子，氢离子带有正电，氢离子包围在酪蛋白微团周围时会中和掉它们带的负电，让它们不再相互排斥。于是，酪蛋白微团开始连接在一起，形成较大的块，溶液中就出现了白色的固体。

实际应用

你可以在冰箱里看到同样的化学过程。当一瓶牛奶"变坏"以后，它会分层——瓶子上部是淡水层，这是乳清，底部则是较重的白色层，这是酪蛋白，或者叫"凝乳"。所以牛奶变酸了也叫"凝固"。

一般情况下，牛奶中的细菌会把乳糖（也是乳清的一部分）转变成乳酸。像这个实验中的醋一样，乳酸会释放出氢离子，导致酪蛋白开始聚集。这也是为什么牛奶放在冰箱里保持新鲜会久一点，因为低温减慢了微生物的生长，减缓了它们产生乳酸的速度。

这个过程也不尽是坏消息，因为它也是制作奶酪的关键。添加额外的细菌来产生更多的酸可以让牛奶凝固，但生产厂家通常会添加一种酶叫凝乳酶。凝乳酶是在新生小牛的胃里产生的，能让酪蛋白黏结在一起使牛奶更加容易消化。一旦酪蛋白形成固态，乳清被滤掉，多余的水分被挤出来，奶酪就做好了。残留的细菌与加工时添加的真菌和霉菌发生化学反应，会形成特殊的质地和风味。那么乳清呢？过去它会被用来喂动物，但现在，人们会从中分离出乳糖用于制药。

光线的魔术

如何让橙色看起来不是橙色？如何让节目主持人肤色看起来更健康？如何知道遥远恒星上的化学成分？这个实验为你解密光线的魔术。

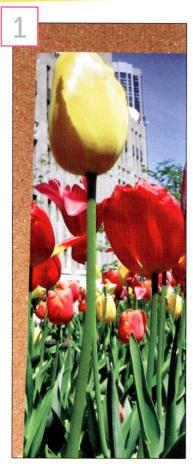

◆这个实验中，你需要一本有彩色照片的杂志（图1）、能发出橙色光的老式路灯（或是发红光的LED自行车灯）、汽车上的橙色指示灯或危险报警闪光灯（不需要把它们从车上拆下来）。

◆等到天色变暗后把杂志拿到外面，在橙色路灯下观看。这时你会发现，照片的颜色现在看起来或者是不同色调的橙色（在自行车灯下应该呈红色），或者是黑白的（图2）。

◆现在再将杂志靠近汽车闪光的橙色指示灯。这时你会发现，当灯光闪烁时，照片上所有的颜色都可以呈现出来，尽管红色和黄色比蓝色和绿色看起来更明亮（图3）。

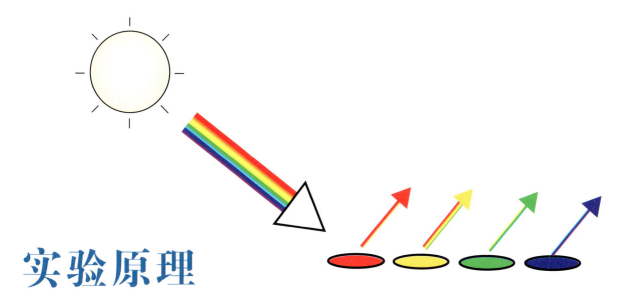

实验原理

这个效应是基于光谱学的原理，它是19世纪中期被德国物理学家古斯塔夫·基尔霍夫和化学家罗伯特·本生发现的。本生还发明了一种以煤气为燃料的加热器具——本生灯，它目前还广泛地应用在化学实验室中。他们的发现让天文学家能够通过分析遥远恒星的光谱而知道其成分，电视主持人在屏幕上显示出健康的肤色也是基于同样的科学原理。

牛顿在300多年前首先发现，白光实际上是由不同颜色的光混合在一起组成的。当太阳光通过雨滴产生彩虹，或者白光穿过三棱镜后被分解成不同成分的光时，我们就能够看到光的光谱。从波长非常短的紫光、蓝光到波长更长的黄光、红光，每一种颜色的光实际上都对应着不同波长的光波。

当白光照射到物体上时，物体表面会被不同波长的光照射。一些颜色的光会被吸收，而另一些颜色的光会被反射，这决定了物体的颜色。比如，红色的物体实际上吸收了除红色之外的所有波长光而只反射红光。但是，黑色的物体则几乎吸收了所有的可见光，只有很少的光被反射，所以看起来是黑色的。

如果只有橙光照到杂志表面，则只有两种选择：要么纸面上的墨水吸收掉橙光，看起来变黑，要么它们反射橙光，看起来是橙色。

这种单色效应就是你在老式路灯（低压钠灯）下看到的情景。钠灯利用钠蒸气放电产生可见光的电光源。其原理是通过电离激发，使钠原子中的电子从能量较低的稳定态跃迁到能量较高的激发态，而当电子跳回原来的稳定态时就会以特定波长的光释放出原来吸收的能量，这个特定波长的光对应的是橙色光。其他化学元素也可以通过这种方式发光，但它们都有自己特定的颜色，这是基尔霍夫和本生科学发现的物理学基础。

那汽车指示灯呢？为什么它看起来也是橙色，但页面上所有的颜色都能看到呢？这是因为产生橙色的方法不止一种。路灯只产生橙光，几乎没有其他的光，但汽车指示灯使用一种白炽灯通过橙色过滤器来产生颜色。结果就是，来自指示灯的橙光含有混合进来的其他波长的光，包括红色、橙色、黄色和一点绿色。当你用汽车指示灯照亮杂志时，其他波长的光会被纸面上的墨水反射，呈现出多种颜色。

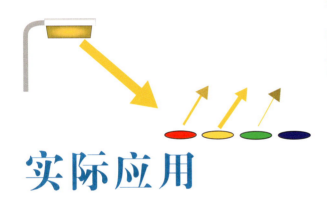

实际应用

这个实验说明了为什么同样一样东西在不同的光照条件下会呈现不同的颜色。所以，在重新装修房间时，我们应该取一点油漆或材料的样品带回家看一下颜色，这是因为展厅里的灯光有时会迷惑你，它会让你看到的材料颜色与在起居室里的差别很大。

同样的原理也用在了电视节目主持人身上。化妆师会用特别设计的颜色，让主持人在工作室照明的强光下看起来呈健康的肤色。但如果用在不同的光线下就会很危险，化了妆的人会显示橙色，一些名人因此被捕捉到糟糕的一面！

那么遥远星星的化学成分呢？就像本生和基尔霍夫发现的一样，每种化学元素都会吸收和发射特定波长的光。通过观察来自远处物体，比如遥远的恒星发出的光线，就可能找到光谱中的缺口——吸收光谱，它就对应着恒星的化学元素构成。

微型灭火器

灭火器有不同形状和大小。一些用水，一些用气，其他是干粉灭火器。但它们是怎么工作的呢？

◆这个实验中，你需要一只杯身较高、容积较大的玻璃杯，一些碳酸氢钠（小苏打）、一些醋、一只蜡烛和几根火柴。

◆在玻璃杯中加三四勺碳酸氢钠。

◆倒进1~2厘米高的醋，这时混合物会嘶嘶响并起泡。

◆在此期间把蜡烛点燃。

◆当玻璃杯中不再起泡后，小心地提起杯子，不要让醋洒出来，从上方约10厘米高处对着蜡烛火焰轻轻倾倒。在操作时你可以想象在醋和碳酸氢钠上方充满了不可见的液体，这会有所帮助。

◆这时你会观察到蜡烛的火焰会突然熄灭。重新点燃蜡烛，重复这个实验。

实验原理

这个实验的化学反应中产生的一种气体，它于1750年被苏格兰化学家和物理学家约瑟夫·布拉克最早发现。这就是二氧化碳，一种非常高效的灭火剂。正是它笼罩了蜡烛的火焰，并将它熄灭。

碳酸氢钠与酸（比如醋或柠檬汁）混合时，碳酸氢钠分解，以气体形式释放出二氧化碳，这就是你听到的嘶嘶声。同时，这个化学反应还会产生水。

二氧化碳分子比空气要重，所以从溶液中嘶嘶冒出来的气体在液体上方聚集，把较轻的空气从杯子上方挤出去。嘶嘶声停止时，杯子里应该装满了二氧化碳。

当蜡烛上方倾倒杯子时，二氧化碳就像液体一样流出并浇在火焰上。燃烧的蜡烛会不断从烛芯上蒸发出蜡蒸气，同空气中的氧混合燃烧，生成水和二氧化碳。二氧化碳通常会因受热离开蜡烛，所以新鲜空气（和氧）会从火焰底部进来。当杯子里的二氧化碳从上面倒到了火焰上，形成了一个看不见的隔离毯，切断了氧气的供应，熄灭了蜡烛。你能重新点燃蜡烛，是因为二氧化碳混进空气并飘散了。

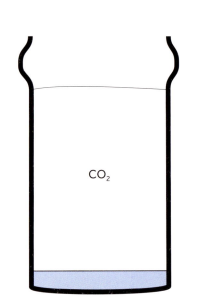

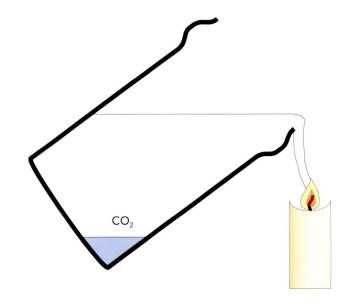

实际应用

尽管多数人认为用水灭火是最好的办法，但有些情况下，比如电气火灾或特定的化学火灾，用水可能会非常危险甚至会导致爆炸。

这时要用二氧化碳来替代水。二氧化碳被压缩在气瓶中，当它喷洒在火焰根部时会切断氧气供应，让火熄灭，就像这个实验中的蜡烛一样。从灭火器中喷出的膨胀气体温度也很低，这也可以使燃烧的物体尽快冷却到燃点温度以下。

那么什么是干粉灭火器呢？它用到了与这个实验中所用的相同化学物质——碳酸氢钠或者类似的碳酸氢钾。当碳酸氢盐喷洒到火焰上时，它会吸收热量迅速分解使温度降低，同时会释放出二氧化碳并将火熄灭。

扩展实验

你可以试着制作自己的"干粉灭火器"：用一个汤匙小心地把少量小苏打撒在蜡烛的火焰上。

如何制造力场

科幻电影中经常出现用力场来驱动宇宙飞船的场景。其实，你不必成为火箭科学家或者是"进取号"星舰的舰长，就可以自己制造一个力场。

◆ 这个实验中你将用到一只空的金属饮料罐（铝制的最好，因为它比较轻），一只橡胶气球和长满头发的脑袋。（如果没有气球，一块泡沫塑料也成）。

◆ 把气球在你头上摩擦20到30秒，让它带上静电。摩擦过程让气球收集了你头发上的电子，让它带上了负电荷。

◆ 将饮料罐侧放在一个平坦、水平的表面上，轻轻挥动带电的气球靠近它，但不要让它们俩相互接触。

◆ 当气球靠近时，罐子会神奇地滚向它。

实验原理

你的带电气球产生了一个电场，它分布在气球的周围并能够拉动其他物体。金属饮料罐带有等量的正负电荷，所以它是电中性的。

当带负电的气球靠近时，罐子上的电荷被迫移动。

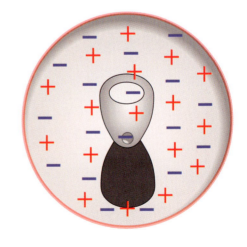

等量的正负电荷在整个罐子中均匀分布。

因为金属是良好的导体，而相同电荷互相排斥，罐子上离气球最近一端的电子会朝罐子相反的一边移动，这让离气球最近的一端带上了正电荷。

正电荷比带负电的电子离气球更近，吸引力比排斥力要大，罐子就被拉向了气球。气球靠得越近，力量越大，罐子移动得越快。

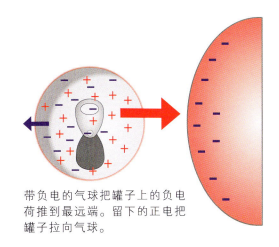

带负电的气球把罐子上的负电荷推到最远端。留下的正电把罐子拉向气球。

实际应用

同样的科学原理解释了为什么老式电视机屏幕上会沾上那么多的灰尘。这种电视机的工作原理是将带负电的电子流打到显示屏的发光涂层（也叫荧光层，位于屏幕的后面）上发光的。这导致显示屏的玻璃表面上堆积了大量的负电荷，和这个实验中的气球类似。

当空气中的尘埃飘过并进入屏幕产生的电场时，尘埃颗粒上的电荷会像金属饮料罐中的电子一样重新排列。尘埃的一端产生净的正电荷，把尘埃拉向带负电的屏幕。如果把一些纸撕成碎屑，然后在打开的老式电视机前撒下去，你就可以看到这个效果。如果他们下落时距离玻璃足够近，它们会被拉过去并粘住。

扩展实验

用一个塑料饮料瓶代替金属罐，看看它是否和铝罐的效果一样。塑料通常是非常差的导体，所以瓶子上的电荷不会像金属罐中的那样自由移动，吸引效果比较差。

隐形墨水

你经常听说间谍用隐形的文字来传递秘密消息，文字只能通过巧妙的化学方法才能显示。这个实验将演示如何自制自己的隐形墨水，也会告诉你为什么烘烤的食物会很诱人。

实验需在成人指导下进行！

◆ 这个实验需要一些纸、棉签、柠檬汁、糖、水和烤面包机。

◆ 用棉签沾一些柠檬汁，用它在纸上写一段文字。等纸干了，上面应该几乎什么也看不见。

◆ 打开烤面包机，把纸放在面包机喷出的热空气中，有文字的一面向下。（不要把纸放到面包机里，小心你的指头！）

◆ 很快，你应该能看到纸上显示出棕色的文字。

◆ 现在，试着在水里溶解少量的糖，然后用此溶液代替柠檬汁重复这个实验。在面包机上，糖水写的字也应该很快显示为棕色。

实验原理

当你用面包机喷出的热空气加热纸张时，热量触发了糖和蛋白质之间的化学反应，让隐藏的晶体变成了棕色，所以你书写的文字就显现了。这个过程叫美拉德反应，是以法国化学家路易斯·卡米拉·美拉德来命名的。

同样的化学原理能让你的晚餐很诱人，能让蔗糖变成了太妃糖。柠檬汁是含有水、糖和蛋白质的化学物质混合物，当你用它书写时，它们都会被纸张表面吸收。干燥后，水被蒸发，但蛋白质和糖就以书写的痕迹留下了。蛋白质和糖的晶体十分细微，并且是无色的，所以干了后的柠檬汁文字几乎不可见。

那么只用糖溶液来书写也能变成棕色呢？这是焦糖化过程，也是由热量触发的。在高温下，糖也会被氧化并相互连接，形成聚合物，就像美拉德反应中与蛋白质连接一样。这些聚合物会吸收蓝光，所以它们（以及你的糖书）看起来呈棕色。

实际应用

除了能用来传递秘密信息，这两个反应也能让烹调的食物闻得香吃得可口。美拉德在1912年发现，当肉或蔬菜加热超过148.9℃时，食物中天然存在的糖和蛋白质会发生反应，形成一个叫黑色素的棕褐色化学物质家族，它们具有浓郁的味道和香气，是烘焙、煎炸或烧烤食物的主要风味。那么蒸煮的食物呢？水在100℃时沸腾。这个温度不够让美拉德反应发生，所以与烧烤的比起来蒸煮的食物尝起来要平淡些。

那么焦糖化过程呢？这是在烹饪食物时发生的另一个增强口味的反应，它也是制作太妃糖的方法。在美拉德反应所需的相似温度下，糖分子首先会脱水，然后被氧化并相互连接，形成长度不等的长链聚合物。较短的糖链赋予食物可口的焦糖味，而较长的糖链则会让口味更重，带一种烧焦的味道。它们也比短链要吸收更多的蓝光，所以会显得更暗。一般来说，较硬的不容易咬动的太妃糖含有更多的长链聚合糖，这也是它们更硬更暗的原因！

让空气显形

为什么星星会闪烁？为什么晴天的时候公路上远远看去像是有水？为什么篝火或面包机上方的空气会扭曲闪动？在这个实验中，我们来发现并展示如何将隐形的空气变得能看见。

◆这个实验中你要用到一些碳酸氢钠（小苏打）、蒸馏醋、一只中等大小的透明罐子、几张白纸、能让阳光照射进来的干净窗户。如果找不到能让阳光照射进来的窗户，也可以在黑暗的房间里用手电筒和反光镜来取代。

◆保证所有的窗户和门都关闭，没有任何气流。

◆把纸贴在墙上或其他的竖直表面上，让它像屏幕一样被透过窗户的光线照到。

◆下一步，在罐子里加3～4汤匙的小苏打和约1厘米深的醋。现在应该有气泡冒出，释放出气体。当不再起气泡后，在屏幕前拿起罐子微微倾斜，在太阳光或手电筒的光线中倒出一股细细的气流。（记住，气体只在液体的上方，所以没必要把醋也倒出来。）

◆在你倾斜罐子时，仔细观察屏幕上靠近出口的照亮部分。尽管看起来没有什么东西离开了罐子，在屏幕上，你应该能看到扭曲的光线和发暗的图案，就像不可见的液体一样从出口里倒出来。

实验原理

你在屏幕上看到的是光线从一种媒介进入另一种媒介时改变速度并发生偏转的效应，这叫折射。

酸（比如醋）加到碳酸氢钠中时它会释放出二氧化碳。它大约比空气密度重50%，所以它会堆在罐子里，可以像液体一样被倒出来。

较重的二氧化碳从罐子里倒出来，像一道细流，它的形状有点像透镜。由于二氧化碳比空气要重，光通过它会稍微变慢，导致光的路径弯曲或折射。

造成的效果会将光线聚焦，在屏幕上形成较亮的光斑，同时留下较暗的阴影。这就是你能看见的涡流状图案。

实际应用

同样的效应也会发生在炎热季节，此时远处的路面和屋顶看起来好像有一汪水。这也是为什么你会看见"热气"从烤面包机、篝火和蜡烛上升起的原因。这些场景中，高温物体表面会加热空气，让它膨胀并变轻。当光线从周围较冷较重的空气通过这团较热的空气时，其路径会弯曲，就如同通过这个实验中的二氧化碳细流一样。由于空气是运动的，光线持续在不同方向发生不同程度的弯曲，导致下方物体的影像发生扭曲，看起来就像有东西在扭动。

这也是为什么星星会在夜晚闪烁的原因，因为它们的光线通过地球的大气时被冷热不同的区域扭曲了。这会让星星的影像模糊，所以，为了避开这个问题，天文望远镜通常要安置在高海拔的地方，当然，最好是放到太空中，例如著名的哈勃太空望远镜。

最便宜的照相机

对窗外美丽的景物，你认为自己需要多少设备来生成一幅全彩的图像呢？嗯，其实可以忘掉所有的高科技产品，因为只需要利用一些打算扔掉的东西就能实现，同时你还能了解同样的方法是如何改变16世纪的绘画艺术的。

◆这个实验中，你需要一个大的纸板箱（至少40厘米×40厘米×50厘米）、一张白纸、胶带、厚窗帘或其他遮光的面料，以及用来在纸板上打孔的工具（比如剪刀）。

◆把纸箱放在桌面上，让开口的一面对着自己。

◆在箱子侧面中央打一个直径约3到4毫米孔，把白纸贴在正对着孔的箱子另一侧的内表面上。

◆现在，把箱子带孔的一面对着窗户或其他明亮的物体。

◆把头伸在箱子开口的地方，用窗帘布盖住头和开口处，让箱子内部尽可能地暗。你看到了什么？

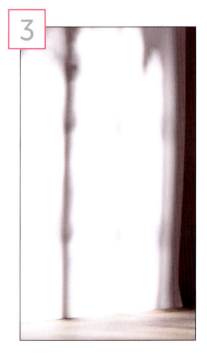

孔径越大，图像越亮，边缘越模糊。

◆在白纸屏幕上应该能看到箱子小孔正对景物的上下颠倒、左右交换的图像，而且是"高技术全彩"哦。你制造了一个针孔相机，不需要镜头它也可以成像。为增加亮度，试着把孔弄大一点。缺点是，这会让图像变得较模糊，所以只能一点点慢慢地扩大孔径。

实验原理

物体被照亮时，它表面的每个部分都会朝四面八方反射光线。有一些照在箱子上，少量光线穿过小孔，在屏幕上生成彩色的小光斑。进入小孔的光线来自于不同的物体，从不同的方向抵达，因为光以直线运动，它们在屏幕的不同部位生成光斑。

于是，许多这样的光斑在屏幕上拼接起来，变成了小孔所看到的翻转的图像。

图像是上下颠倒的，因为从物体上方高于针孔相机的地方过来的光线得向下才能通过小孔，当它穿过小孔后，继续往下走直到打在屏幕上。相反，从物体下方低于针孔相机的地

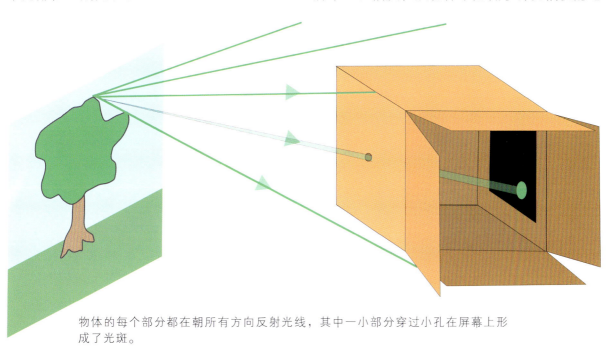

物体的每个部分都在朝所有方向反射光线，其中一小部分穿过小孔在屏幕上形成了光斑。

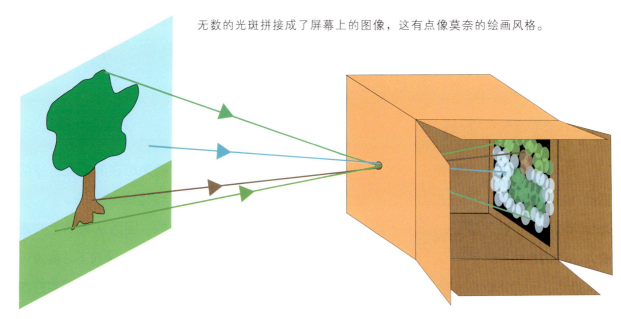

无数的光斑拼接成了屏幕上的图像，这有点像莫奈的绘画风格。

方过来的光线必须向上走才能遇到小孔，然后继续向上才能遇到屏幕。对于左右也是同样的道理，所以，从箱子内部看，投射的影像是上下、左右颠倒的。

如果孔径变大会发生什么呢？当你加大了小孔，更多的光可以透过，这会让图像更亮。但同时，光斑也相应变大，相互叠加，结果会让图像更模糊。

实际应用

许多艺术史学家认为这种小孔成像技术在文艺复兴时期的意大利艺术家中很流行，他们期待捕获绘画的完美视角。有人认为，18世纪著名的威尼斯运河画家卡纳莱托就使用了类似的技巧，制作出了他想画的图像视角。他会在绘画之前轻轻地勾勒出图像的轮廓，以保证他的绘画场景是忠实于现实的。

放大镜与照相机

相机在照相时如何聚焦图像？我们的眼睛为什么能看到清晰的影像？这得归功于透镜，这个实验将向你演示它的工作原理。

◆ 你需要一只放大镜和一个正对着白墙的明亮窗户（但不要正对着太阳）。如果你没有合适的墙面，可以在箱子上贴一张白纸，让这个临时的替代屏幕在房间里正对着窗户。

◆ 将放大镜对着窗户，保持在距离白墙约15厘米的位置。

◆ 仔细观察墙面，缓慢地前后移动放大镜。

◆ 你应该能看到窗户和外面世界的影像上下颠倒地投射在墙面上。

◆ 当你调节镜片的位置时，图像应该会变得更清晰。但如果你继续朝同一方向运动，图像则又会逐渐变得模糊。

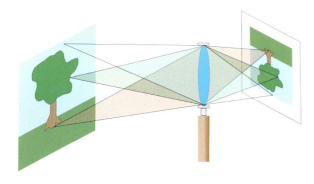

来自物体上任意一点的光线聚焦在镜片后面的一点，然后又再次散开。

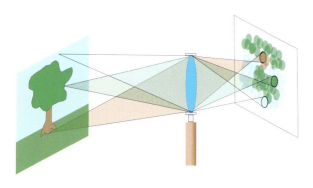

放在镜片后面焦点位置的屏幕上会呈现倒置的图像。

屏幕上靠近或远离镜片焦点的图像是模糊的。

实验原理

　　这个实验演示了透镜的成像原理，包括此刻正在你眼睛里工作的那个透镜！放大镜是凸透镜，由玻璃或透明的塑料制成，它能将光线朝前面一点弯曲，那个点叫焦点，位于镜片的一侧。它能把来自较大区域的光汇聚到一个较小的面积上，这就是为什么你能在墙上看到从窗户投射过来的较小的但较亮的图像的原因。

　　为什么前后移动镜片会影响影像的清晰度呢？这是因为只有当镜片焦点落在屏幕表面上时才会出现最清晰的图像。如果镜片靠屏幕太近，光线不会聚焦在一点，这样图像就会模糊。相反情况下，如果镜片离屏幕太远，光线会跑过焦点并重新散开，也会导致图像模糊。

　　为什么图像是上下颠倒的？这是因为从窗户上方过来的光线要向下走才能遇到放大镜。聚焦后，它在另一边继续朝下形成屏幕上图像的底部。同样，从窗户底部过来的光要向上走才会遇到镜片，停留在图像的上部。

实际应用

相机和你的眼睛其实就是以这种方式工作的。在相机里面，镜片采集宽阔视野的光线，聚焦在胶片或数码相机中对光敏感的芯片（CCD）上。

如果打开一台老式单反相机，在放胶片的地方放一张蜡纸，按住快门不动，应该能看到原来要投射到胶片上的图像。如果用胶片替换蜡纸，并让它在光照下短时间曝光，再用化学方法进行处理，你就能得到图像的一个永久副本——一张照片。这正是相机的工作原理。

眼睛也是同样的工作原理，只不过眼睛感受光线的不是胶片而是视网膜，这是一层对光敏感的神经细胞。它们把落在上面的光的图案转换成大脑能够理解的电信号。这些信号在大脑里被重组，变成我们看到的世界的图像。与相机把所有东西都上下颠倒成像一样，大脑接收到的图像也是上下颠倒的。幸运的是，大脑会再帮我们调整过来！

扩展实验

周围环境越暗，图像就显得越明亮，所以，如果你把放大镜安装在硬纸箱的孔上，箱子内部的图像会非常亮。并且，如果你用镜片把太阳光聚焦在一张纸上，在一小点上的密集光照会把纸加热、烤焦，并有可能使纸张燃烧。

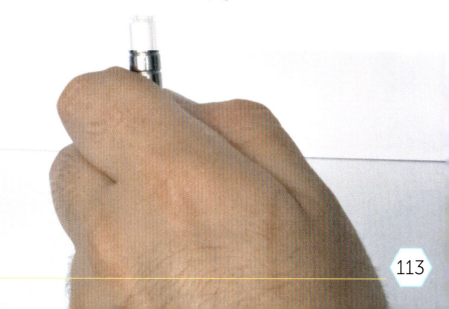

保持平衡的秘密

很多人在旋转木马上转太久会很难受，或者在转圈圈之后会感到头晕。大脑的平衡系统是如何让你保持直立的，为什么以脚尖旋转的芭蕾舞者和溜冰者不会摔倒？

◆这个实验中，你要用到能松软着地的开阔场所、一把能旋转的办公椅和一个强壮的助手。

◆面向前坐在椅子上，脖子偏向一边，头垂在一边，让耳朵靠在肩上。

◆保持这个姿势，让助手朝一个方向匀速旋转椅子。

◆大约30秒后，停止旋转椅子，立即站起来。

◆试着慢慢朝前走。通常会需要助手在旁边扶着你，因为你可能会摔倒，有可能朝前，也可能朝后。如果旋转时保持你的头垂直则会不一样，那样的话你会朝旁边摔倒。

实验原理

产生这个效果的原因在于大脑里的前庭系统，这是一个充满液体的管道网络，能够感知头部的运动，并触发补偿肌肉反射好让我们能用脚趾站稳，而不是面朝下跌倒。

在头骨每侧的内耳中都有三只细小的大约1毫米粗的环状管道，叫作半规管，形状像迷你甜甜圈。它们相互以90°排列，因此能够探测头部在任意方向的运动。

一个半规管处于水平位置，当头部左右转时会发出信号；第二个半规管处于竖直状态，从前往后的指向，能探知点头的运动；第三个半规管也是竖直的，但是从一只耳朵指向另一只，当头朝肩部倾斜时会发出信号。

那它们是怎么工作的呢？这些管道里充满了水一样的液体，无论头怎么运动，液体在管道里起初都会"滞后"，而不是立即随同管道的其他部分一起运动。这会令它压迫一簇纤细的绒毛，它们从管道表面延伸到液体中。绒毛的运动触发了神经脉冲的产生，通过综合比较大脑每一侧的三根半规管的信号，就可知道头部的运动方向和快慢。

当你坐在椅子上朝同一方向转动了较长时间后，半规管里的液体也开始跟着旋转。因为你的头贴在肩上，正常感知点头运动的竖直管道也垂在了一边，所以它内部的液体也开始朝椅子同样的方向运动。这意味着，当椅子停止转动你立即站立起来时，这根管道里的液体还在继续打转，让大脑误认为你在朝前或者朝后摔倒（取决于你旋转的方向）。

为阻止你摔倒，神经系统触发了肌肉反射来补偿感知到的运动，但实际上你并没有摔倒，这是一个错误的反应，它导致了相反的效果，这就是为什么需要助手扶住你的原因！

实际应用

前庭系统不仅能让我们保持直立，也帮助我们能够看清楚物体。我们知道，移动中的相机在拍照时图像是模糊的，但人眼就不会出现这种情况。

要证明这一点，可试着在眼前竖起一根指头并快速晃动，努力让你的眼睛跟随它。由于物体在运动，如果眼睛盯住物体的时间不够长就不可能看清物体。现在保持手指静止，用眼睛盯着它，并从左到右或者从上到下快速摇头。这时你会发现，你始终可以清晰地看到手指。如果仔细观察做这个动作的其他人，你会发现他们始终在不断地通过眼睛的运动补偿头部的运动，所以他们一直清晰地看到手指。

这个现象称之为前庭眼动反射。其原理是半规管触发了眼睛朝头部运动的相反方向运动，所以在跑步、驾驶或体育运动时你仍然能够看清物体。

那脚尖旋转的芭蕾舞演员和溜冰者如何才能避免头晕呢？他们使用一种叫"盯点"的技巧。如果仔细观察，你会发现他们的眼睛会一直盯着某个比较明显的物体，直到最后一刻才快速甩头并重新盯住那个物体。这样做让头部旋转的时间最短，因此减少了舞蹈所导致的眩晕和转向！

扩展实验

如果你有一块干净、安全的草坪斜坡，不要太陡，尝试朝下翻滚。当滚到坡底时，你会觉得自己还在朝前翻。并且，重复旋转椅子的实验，但这次把头放在另一侧肩上——有什么区别吗？现在换个旋转方向——会发生什么呢？

自己提炼黄油

如果问黄油从哪里来，多数人会说"超市"。但黄油到底怎么制作呢？这个实验会向你演示，并且解释同样的科学原理如何能帮助你自制涂料和粉刷。

◆ 这个实验中，你需要用到一些高脂厚奶油、一只碗、一个搅拌器和一些纸巾。

◆ 把奶油倒进碗里，用搅拌器快速搅拌。它很快会变得更加厚重而黏稠，很容易摊开来。

◆ 持续搅拌奶油，奶油很快会再次变稀变黄。

◆ 将奶油舀出来倒在几层纸巾上，挤出多余的水。纸巾上留下的东西看起来、尝起来都像是黄油……因为这根本就是啊！

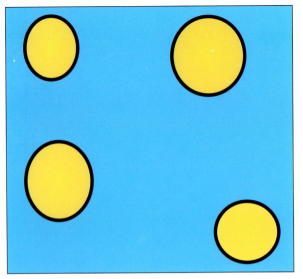

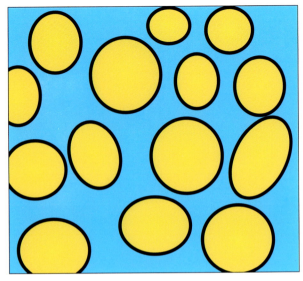

牛奶由脂肪小球（黄色）混合着蛋白质（酪蛋白）悬浮在水中所组成。

在奶油中，脂肪的比例更高。

实验原理

　　不仅仅油漆是乳浊液，奶油也是！牛奶中含有5%～10%的脂肪，由于脂肪比水密度小，如果牛奶静置存放一段时间，脂肪会上升到顶部，产生奶油。这就是"脱脂"过程，留下的是低脂奶，奶油含有大约40%的脂肪，会被分开销售。

　　在显微镜下，奶油是由无数的微型脂肪小球悬浮在水中组成的，这是一种乳浊液。脂肪小球被一种叫酪蛋白的蛋白质包裹住，由此带上了负电，由于相同电荷互相排斥，脂肪小球会彼此分离。

　　搅拌奶油时，小球开始连接并部分合并，形成缠绕着的珠串一样的团块，被水包围着。这些脂肪的团块中困有气泡，这就是为什么搅拌后的奶油不仅会变松变轻，而且也会体积增大的原因。奶油也会变得更加黏稠，因为更大的脂肪小球团块很难顺畅地相互滑过。

　　越过这个状态之后，搅拌奶油会让脂肪小球彻底合并形成与水分离的油脂状固体。挤出这种水分（叫作酪乳），留下的是黄油，它当中的绝大部分是脂肪，还有困在里面的少量水和牛奶蛋白。

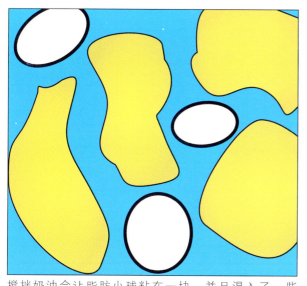

搅拌奶油会让脂肪小球粘在一块，并且混入了一些气泡（白色）。

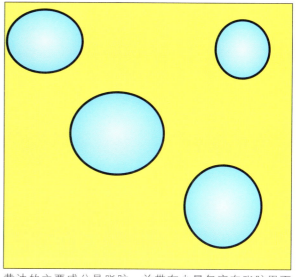

黄油的主要成分是脂肪，并带有少量包裹在脂肪里面的水分。

实际应用

涂在面包上的黄油就是这么做出来的，但是要感谢机器的搅拌而不是用人力！不过，以前可不是这样的，在有机器之前，黄油要靠挤奶女工用木制搅拌器搅拌出来。如今，我们有冰箱可以让乳制品保鲜，而以前的人们制作黄油，是因为油腻的表面能隔离氧气降低细菌的生长速度。

同样的科学原理也用在自制涂料和粉刷中。乳胶漆是由溶解在油里的微小的染料小球悬浮在水中所构成。这意味着，涂料像是会溶解于水一样，很容易涂抹和洗掉。但是，一旦它被涂到墙上，水分蒸发后，留下油性的防水涂料会牢牢地粘在表面上。所以，在使用之前千万不要搅拌你的乳胶漆！

扩展实验

同样的原理也可用来制作沙拉酱：把油和醋快速混合，会得到分开的两层，但如果加入一些芥末，三者一块搅拌就能形成稳定的混合液，就像牛奶中的酪蛋白一样。

酸奶盒的怪脾气

塑料属于聚合物，它们是如何加工成形的？如果对它们加热会发生什么事情？
这个实验会向你演示并解释为什么酸奶盒最好保持在低温之下。

实验需在成人指导下进行!

◆ 你需要几只空的塑料酸奶盒、一只装满水的平底锅、一些盐和一只大号汤匙。

◆ 在炉子上加热平底锅里的水。

◆ 水热后，加几勺盐到水里。这会把水的沸腾温度升高到100℃以上。

◆ 一旦水沸腾，把酸奶盒小心地放进去，让它在平底锅里待上3到4分钟。

◆ 然后用汤匙把它取出来放到工作台上冷却。盒子应该缩成一块厚实平坦的塑料片，比以前的盒子更加僵硬。

实验原理

酸奶盒是用热塑性塑料制造的，它在受热时可流动并变形，但冷却后则会变硬变脆。

塑料是聚合物，由无数原子连接在一起形成串珠一样的长链。

起初，这些聚合物长链紧凑扭曲地缠结在一起，要变成酸奶盒子的形状就需要将它们解开并延展开来。

要做到这一点，塑料需要被加热到110℃。当温度上升时，聚合链开始振动并扭动，这让它们很容易相互滑过，塑料变得柔软且容易变形。在这个温度下，塑料可被延展成想要的形状，这迫使聚合链展开，变得伸展挺直。

为了让塑料保持住新的形态，它需要快速冷却下来。这会将聚合链锁定在它们的新位置上。但是，如果塑料再次被加热到相似的温度，聚合链又会扭动回到它们原来紧实纠缠的形状。这就是为什么酸奶盒浸在沸水中会缩成一块，变成了一个更扁更硬的塑料片的原因。

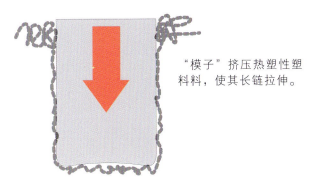

塑料是聚合物，是由无数的原子相互连接形成的长链。

"模子"挤压热塑性塑料料，使其长链拉伸。

冷却后的塑料保持了它新的形状。

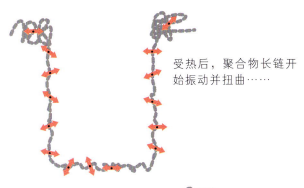

受热后，聚合物长链开始振动并扭曲……

……最终回归到它们原来相互纠缠的紧实形状。

实际应用

正是这个技术制造了我们周围所见的许多塑料制品。

将热塑性塑料颗粒加热变得柔软和容易变形，然后将所需形状的塑形器（模子）按进去。这样，模子周围的空气被排出，塑料紧紧贴在模子表面变成所需的形状，这叫真空成型。一旦塑料变成恰当的形状，它会被冷却，让延展的聚合链保持住位置，然后奇迹出现！——它成了酸奶盒或是其他塑料制品。

扩展实验

用其他塑料做这个实验，比如糖纸或薯片袋，看看它们的表现是否相同。加热之前用永久记号笔在酸奶盒上画点东西，然后观察图案在过程中如何改变形状。

飞行的纸筒

当贝克汉姆从球场角落里华丽地射门时，乍一看他似乎要丢球了，但紧接着球会突然拐弯入网。尽管他自己可能没意识到，但他实际上进行了一次壮观的物理表演，这个物理能让棒球划出曲线，甚至能让厨房纸筒飞到空中。

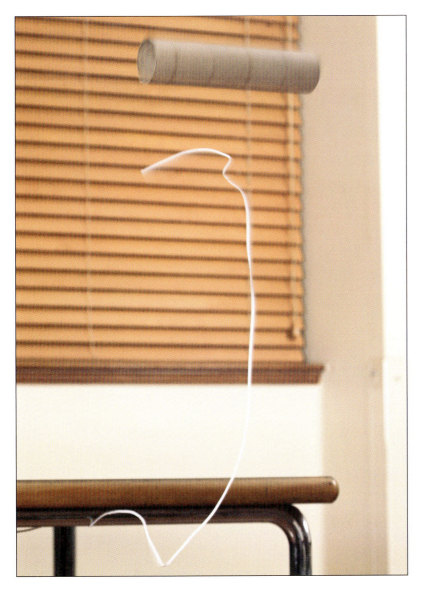

退后!

◆ 这个实验中你将用到厨房卷纸中间的硬纸筒、2到3米长的窄橡皮筋、一张桌子、一些胶带和一个大房间。

◆ 用胶带把橡皮筋粘在桌子一边的中央，未拉伸的橡皮筋大约是桌子长度的2/3。这是你的跑道，所以让它远离任何易碎的物品。

◆ 拉伸橡皮筋到桌子的一边，在纸筒中央绕上六到七圈（绕头两圈时要先将橡皮筋固定住，以便让另一端拴在硬纸筒上）。

◆ 缠绕时把它当成你要推出去的地毯一样。换句话说，橡皮筋需要从纸筒的下部离开硬纸筒。

◆ 现在按住纸筒的中央然后放手！卷轴应该起飞，并向上弯曲飞过房间。

实验原理

卷轴能够飞到空中是因为马格努斯效应，这时德国科学家海因里希·古斯塔夫·马格努斯发现的，他在19世纪50年代研究了旋转圆柱体和球体的空气动力学。同样的科学原理也解释了大卫·贝克汉姆诡异的角球，以及美国网球公开赛上极具杀伤力的旋转发球。

当纸筒飞行时，流经的空气会依附在弯曲的表面，然后从后面离开纸筒。这叫作康达效应，通常情况下依附在物体上下部的空气是相等的。但是，橡皮筋反向卷动导致纸筒旋转，纸筒下部向纸筒运动的方向转，而上部则是朝前进的反方向转。

这意味着空气依附在纸筒上部比依附在下部更容易，因为它和迎面来的空气运动方向相同，而下部则是逆着空气运动的方向。结果是，下部的气流往往比上部的更早离开纸筒，总体来讲，空气被纸筒往下推送了。

牛顿第三定律告诉我们，每一种作用力都存在等量的反作用力。如果空气被往下推，纸筒就会被往上推，结果是它朝上飞行。这就是纸筒会飞得如此壮观的原因。

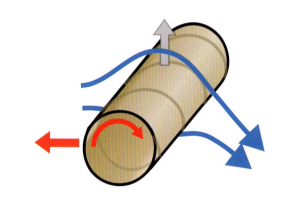

空气更容易粘在旋转纸筒的上表面，因为它转动的方向和通过的空气相同，产生了升力。

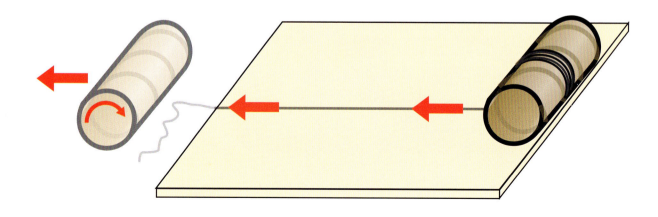

实际应用

正如实验中硬纸板卷筒会在飞行中上升一样，马格努斯效应也会导致旋转的球改变方向，通常很难预测。比如，踢足球时稍微偏离中心一点，就会让球在空气中飞行时旋转。这会让空气在与飞行方向相同朝向转动的一面停留更长时间。结果产生了一个推力把球推向旋转的方向，导致它沿着弯曲的路径运动。

这个推力不会发生在球运动的全程。相反，它会在球慢下来时更明显，因为在低速飞行时空气更容易依附在球的表面，所以马格努斯效应变得更强。这就是贝克汉姆的角球会如此致命的原因。他以恰当的速度踢出球，然后在接近目标时，球足够慢到让马格努斯效应出现，让球拐进网中。

那么美国网球公开赛呢？网球运动员利用马格努斯效应发出高速球，但还能将球保持在有效发球范围。他们让球高速自转，方向却与这个实验中的纸筒相反。在球速慢下来时，这会让球往下运动，所以它正好落在底线之内，快速且致命！

为什么这些轨迹很难预测呢？有理论认为自旋的物体在自然界中并不常见，人类的视觉系统只进化出了计算重力效应的能力，从而让我们对运动场上的马格努斯效应无能为力！

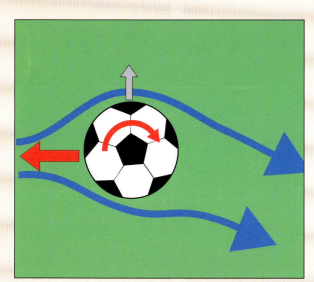

高速时（贝克汉姆的起踢），空气很难依附在旋转球的表面，所以它几乎沿直线飞行。

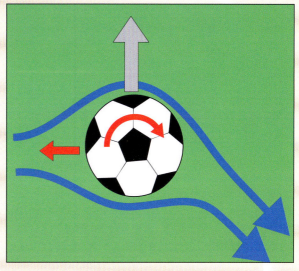

当球慢下来（接近目标）时，空气更容易依附在表面，令它的飞行路径弯曲到网中。

洋流与鸡尾酒

是什么驱动温暖的洋流给北欧带去了好天气？调酒师又是怎样制作多层鸡尾酒的呢？

◆ 在这个实验中，你将用到一只光滑的玻璃碗、一些水和两种颜色鲜艳的浓缩软饮料——一种像糖浆一样黏稠，比如浓缩黑加仑汁；另一种是很甜但不太黏稠，比如浓缩青柠汁。

◆ 向碗中加入半碗水。

◆ 把它放在平坦的表面上，静置约10分钟让水静止下来。如果碗中的水不能静止，这个实验就无法进行了。

◆ 现在，取1/4杯不太黏稠的浓缩饮料，沿着玻璃碗的边缘非常小心地倒进水里。液体应该紧贴着玻璃碗壁流到水底，在碗底形成一个可见分层。你会注意到，当浓缩液在底部流动时水会轻微地晃动。

◆ 等候1到2分钟，让液体再次静止，然后用另一种较浓稠的浓缩

饮料重复上述步骤。它应该流到第一种饮料的下面，在碗底形成第二个分层。

◆ 如果现在从玻璃碗侧面看，你应该能看见相互堆叠在一起的三层液体，就像一碗精美的鸡尾酒。

◆ 最后，为了证明这不是个戏法，所有液体都可以混在一起，用汤匙在碗里搅拌：分层会消失，你会得到一种单一颜色的液体。

实验原理

这个实验显示了不同密度的液体其实是很难自然地混合在一起的。同样的过程驱动着洋流把冷水从北极推向赤道，并将温水带回去。

浓缩饮料中含有大量溶解在果汁中的糖。当两者混合时，糖分子挤在果汁里的水分子中间。尽管加糖会让果汁更稠，但并不会占据更多的空间。这意味着同样体积的混合液会比等量的水更重。换句话说，浓缩液比水的密度大，所以它会沉到碗底。

如果你添加另一种溶解了更多糖的浓缩液，由于它的密度更大，会沉到碗底，位于水和第一层浓缩液的下方。如果让这种液体组合保持完全静止，不搅拌不加热，仅仅通过分子运动让液体层混合在一起，这会需要数千年！

实际应用

英国和北欧与加拿大的纬度相同，但要暖和得多。这是因为一个叫墨西哥湾流的大洋流让这些地区变得温暖，它从墨西哥湾带来了相当于百万座核电站的热量。

当湾流抵达北极地区时，水被冷却并开始结冰。由于冰主要是纯水，因此海水变得更咸，这部分海水的密度增加，使得它朝海洋底部下沉，就像这个实验中的浓缩饮料。盐分高的较冷海水沿着大西洋底部流向南方。下沉的水将新的水带向北方。如果没有墨西哥湾流，英国人都得穿四件毛衣！

那么，你在酒吧里看到的精美的分层鸡尾酒的制作原理是什么呢？其实，鸡尾酒也是用同样的原理制作的。调酒师将不同的浓缩饮料小心地混合，形成了多彩的多层液体组合的漂亮的鸡尾酒。

酒杯上的音乐

几乎所有物体都能用来演奏音乐，包括酒杯。这个实验将展示如何用普通的酒杯来演示共振的原理，以及为什么有些音乐会让你的窗户咯咯作响。

◆你需要几只酒杯、一些水，以及手指。

◆依次轻轻敲击每只杯子的边缘。

◆挑出响声最持久的那只。

◆把玻璃杯放到平坦的表面，沾湿手指，沿杯子边缘轻轻擦一周，注意不要按得太用力，最好用另一只空手按住杯子底座。这样做会让杯子发出怪异的声音，就像用弓缓慢拉过小提琴的弦一样。

◆现在往杯子里加些水并再次"演奏"，你应该注意到声音的音调降低了。

◆向酒杯中加更多的水，音调会降得更低。

实验原理

这个实验演示了共振现象和物体振动的方式。18世纪初有人用这个原理制造了一种不寻常的乐器，据说能让听到它的人发疯。

许多物体都有一种或多种固有频率，叫作共振频率，在这些频率上它们振动得最强烈。这就是为什么在恰当的时机推秋千（换句话说，用恰当的频率）会让它荡得更高，而老爷车也会在特定的引擎速度下发出咔咔的响声的缘故。

酒杯也一样。当用手指沿着边缘擦过时，你将能量传递给了它，制成杯子的材料会以杯子的共振频率发生振动，这就是你听到的声音。发生振动的原因是由于你的手指不是在玻璃表面做平滑运动，而是以一连串急停的方式在运动——滑行一小段然后突然停止，这是让玻璃杯产生共振的源头。

使用便宜的玻璃杯做实验可能不如昂贵的水晶杯效果好，这是因为它们常常带有小的瑕疵，它们会相互摩擦从而阻碍了振动。这就像你在荡秋千时把脚拖在地上一样，会消耗能量并让你减速。

当操作恰当时，玻璃会发出声音，因为振动被传递给了容器周围的空气并产生了声波。为什么加水时音调会改变呢？这是因为水让杯子变重，降低了发生振动的频率，所以产生声波的频率（音高）变得更低，同样，吉他的粗弦比细弦会产生更低的音调。

实际应用

在18世纪初，科学家本杰明·富兰克林根据玻璃碗的共振原理发明了一种乐器。它曾经被称作玻璃琴——利用一个脚踏板来转动多个玻璃碗，每只碗具有不同的共振频率，从而能产生不同的音符。就像这个实验一样，这种乐器需要用湿手按在转动的玻璃碗边缘来演奏。玻璃碗的边缘用颜色来编码，好让演奏者能够区分音符，同时按住不同的玻璃碗就会产生和弦。莫扎特和贝多芬甚至专门为这种乐器谱写了几首曲子。

据说演奏或聆听玻璃琴的人有发疯的危险。这当然不可能是真的，但是，用来识别不同"音符"的彩色油漆中含有铅，这倒有可能通过摩擦粘到演奏者的手上。由于保持湿润需要经常吮吸指头，这有可能会导致摄入一定量的铅，而我们知道，铅对大脑有害！

尽管玻璃琴已经不再流行，今天几乎每个人家里都有一套立体音响，如果大声播放一段音乐，就会让房间里的物体振动。这就是共振的例子。音乐的特定部分是由特定频率的音符来控制的，如果它恰好与你房间里某些东西的共振频度相匹配，你就会感觉到它们在摇晃！

扩展实验

在杯子底部加一点水，摩擦边缘让它共振。停止摩擦，但在杯子仍然振动时把水倒出，你会听到音调变低了。这是因为水让杯子中运动最厉害的那部分增加了质量，降低了振动频率（音调）。

滔天巨浪何处来？

乔治·克鲁尼的粉丝会记得，在电影《完美风暴》中他和船员被巨浪吞噬了，但这样的巨浪真的会发生吗？答案是肯定的，这个实验会向你演示是它怎么发生的。

◆ 本实验需要一只泡沫塑料杯、一些水、用来增加重量的几枚硬币和毛毯一样的粗糙表面。

◆ 把硬币放到泡沫塑料杯底部，它们可以增加重量，让杯子更稳。

◆ 现在向杯子里加水，直到水面距离杯子边缘约1厘米，然后把杯子放在毯子上。

◆ 用食指以稳定的速度推动杯子的底部，在杯子移动时观察水面。

◆ 很快，水面会晃动起来，并产生波浪，足以让水溅出来。

实验原理

本实验演示了波的叠加原理——波浪彼此相遇时会相互抵消，或产生更大的波浪。沿毛毯表面推动杯子时，会不断地重复粘住和滑动的过程，这会让杯壁产生振动。振动传递到水中就产生了一系列的环形波浪，波浪会穿过表面，再从对面的杯壁上反射过来。

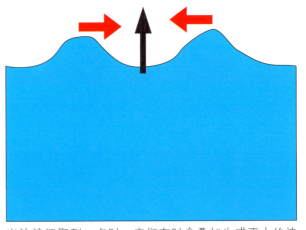

当波浪汇聚到一点时，它们有时会叠加生成更大的波浪，甚至能溅出杯子。

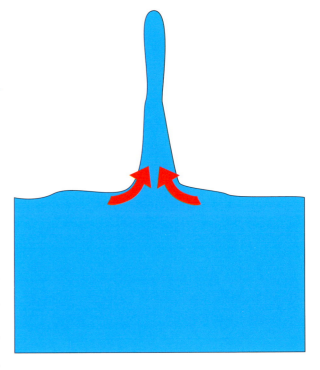

只要波浪与其他方向过来的波浪相遇，它们就会合并，或者叫"叠加"。当这种情况发生时，如果一个波的波谷遇到第二个波的波峰，二者会相互抵消；但如果两个波峰相遇，它们的幅度会叠加在一起，产生更大的波浪。

当杯子沿毯子表面运动时，由于波浪之间的叠加，在水面上会出现由平坦的和不平的区域所构成的图案。如果同一个地方汇聚的波峰足够多，它们生成的波浪会大到让水溅出杯子。

实际应用

超过30米高的巨大海浪，会导致沉船并损坏石油钻井平台。以前，这种规模的巨浪会被当作是水手的夸张故事而被忽略，近些年来，科学考察船在主要的海域得到了它的第一手记录。比如，在2000年2月，研究海洋风暴的英国皇家考察船"发现号"在苏格兰海岸与已测到的最高海浪搏斗了12个小时，有些浪高达29米。

这些巨浪形成的确切原因仍然是个谜，但可能的原因之一是洋流从不同方向带来的波浪叠加在了一起。也有人认为，更大更快的移动波浪会超速运动，沿途"收集"几个较小的波浪，最终变成一个超级怪兽。不管成因如何，像这样以前出现在科幻小说中的条件倒可以很好地解释过去很多船只毫无征兆失踪的原因。

那么烟雾机呢？你可能会在花园中心或水产店里看到这样的场景，在展品的表面笼罩着一层白色的雾气。这是人工制造的云雾，它的原理与这个实验中的杯子和毛毯类似。这个例子中，超声探头让一小块水每秒钟产生150万次振动。这导致产生波浪的水溅出非常小的水滴，悬浮在空气中形成水雾。它们最终会和其他水滴聚合，再次落入水中，但它们悬浮在空气中时看起来还不错哦。

扩展实验

在杯子中加一点洗洁精，这应该能够产生更大的波浪，因为清洁剂减少了水的表面张力。

台球中的科学

在球类运动中，球的自旋方式常常起到关键作用，这个实验将向你展示并解释为什么台球裁判要花那么长时间来清理比赛用球。

◆ 本实验需要用一只弹性球、一些食用油或凡士林以及紧挨着坚硬的垂直墙壁的一个平坦的料理台。这些表面应该平滑但不要过于光滑，瓷砖的表面就很理想。

◆ 顺着台面将球滚向墙壁，它撞到垂直的墙面后返回。

◆ 重复几次，记录球如何前进以及它滚动时如何转向。使用带条纹的或者带一些斑点的球会有助于观察球的运动。

◆ 接下来，在垂直的墙面上球初次撞击的高度上涂一点食用油或者凡士林。现在，滚动球去撞墙面上润滑的地方，并比较它的运动。

◆ 球撞上润滑表面后返回的速度会比撞上干燥表面时更慢，观察它的转向，你还会看到一些其他的不同。

实验原理

实验中球的变现与球的自旋方向有关，同样的原理也在台球和泳池中发挥着作用。当球转动时，它有向前的移动和转动（自转）这两种类型的动量。要改变运动方向，比如从墙上弹回来，这两种运动都必须改变。当碰到干燥的（没润滑过的）垂直墙壁时，球会如你所愿地反弹回来，但也会停止自转。

这是因为，当球遇到垂直墙壁时，转动的球会沿着表面向上滚一段距离，这会吸收掉它大部分的转动。随后球落到水平表面并反弹回来，它在滚回时会以新的方向自转。

当墙壁涂油后，过于光滑的表面阻碍了球沿垂直墙壁向上滚动以减少自转。其结果就是球虽然反弹回来了，但仍然保持着远离运动方向的自转。这意味着摩擦力会继续让它减速直到与滚动的方向相同，这个时候它会移动得更慢。如果你的球带有条纹或者线条，你应该能看到转动改变了方向。

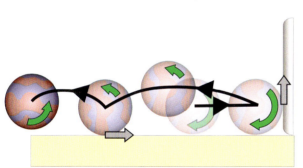

撞击未涂油的表面，球会沿墙向上滚一小段，消耗掉它的自转能量，它会较快地滚回来。

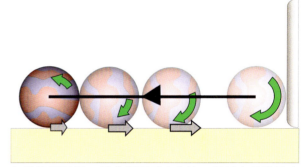

如果墙面光滑，则会阻碍球向上滚，所以它反弹回来后仍然保持着另一方向的自转，这会令它减速。

实际应用

这个实验中的物理原理对台球手的赢球至关重要。两个台球在相互撞击后会立即分开，但是，台球表面上的灰尘会让第一个球在撞击时沿第二个球的一边向上滚。这叫作不良碰撞，它会导致第二个球朝错误的方向旋转并很快停止。为防止这种情况发生，裁判要经常清洁比赛用的台球，擦去灰尘或滑石粉的痕迹。

钟和咖啡杯的发声科学

在搅拌咖啡时，你有没有注意过勺子撞击杯子的不同地方会发出不同的声音？你的耳朵没有骗你，这是真的，这个实验会告诉你其中的原因。

◆这个实验只需要用到一只空瓷杯和一只汤匙。

◆把杯子放到平坦的表面上。

◆用汤匙的末端敲击杯子边缘的不同地方。

◆聆听它发出的声音。

◆如果绕着杯子的边缘敲击，你会发现，与杯柄呈90°或180°的地方（图1）敲击时杯子发出的声音要比与杯柄呈45°或135°地方（图2）敲击时音调更低。

实验原理

这是由于声音和共振，同样的原理解释了为什么吉他低音弦比高音弦粗很多，以及为什么有些钟在鸣响时会发生颤动。汤匙敲击杯子的边缘发出声音，这是因为敲击的能量导致了瓷器振动。振动传递给空气就形成了能听见的声波。

你看不到杯子的振动，因为它振动得太快了，但假如能以慢动作来观察就可以看到，当汤匙敲击时，杯子的圆形边缘被挤压略微呈椭

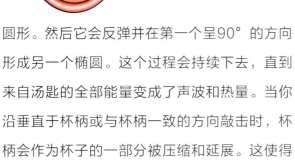

与杯柄呈90°或180°敲击时的振动模式。

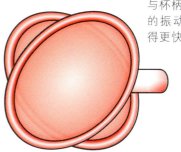

与杯柄呈45°或135°敲击时的振动模式，杯子因为振动得更快发出了更高的音调。

圆形。然后它会反弹并在第一个呈90°的方向形成另一个椭圆。这个过程会持续下去，直到来自汤匙的全部能量变成了声波和热量。当你沿垂直于杯柄或与杯柄一致的方向敲击时，杯柄会作为杯子的一部分被压缩和延展。这使得杯子中参与运动的部分更重，所以振动会更慢，就产生更低频率的声音。

当沿杯柄呈45°或135°方向敲击时，压缩和延展的部分就不包含杯柄在内，所以参与运动的部分更轻，振动会更快，就产生了更高音调的声音。

实际应用

同样的物理原理也解释了低音吉他的工作原理。低音吉他的弦更粗更重，会振动得更慢，会比那些弦较细的乐器产生更低频率（更低音调）的声音。

这个实验的科学原理会起作用的另一个地方就是钟楼。大钟不太可能是完美的圆形，它们的表现会和这个实验中的杯子与柄一样。钟应该摆放在合适的位置，让钟槌能撞击到恰当的部位，才能产生悦耳的声音。如果位置不对，每次撞击它就会产生两个音调，一高一低，这叫作双音。

你可以通过敲击咖啡杯的边缘来演示双音。在与杯柄呈45°到90°的中间位置上，你会找到一个点，在那里可以听到两个音调。

这也是为什么有些电铃在持续作响时会导致一种令人不舒服的脉冲效应，有些地方的声音会更强，有些会更弱。发生这种情况是因为来自铃声的两种声音的频率不一样，所以两种声波的波峰会周期性地相互碰撞，产生更强的声音。

谁跑得更快？

一磅羽毛和一磅铅比哪个更重？虽说这属于一个脑筋急转弯的题目，但在科学上却是有意义的——相同重量的两个物体会表现得非常不同，比如一罐酱和一罐水。这个实验将利用它们来向你展示飞轮是如何工作的，以及是什么力量让溜冰者快速旋转。

◆这个实验中你将用到一个大约12米长的台面，三只完全一样的带着盖子的罐子，其中两只空着，另一只装有花生酱或者果酱。

◆抬起桌子的一侧让它变成一个斜坡，一边比另一边高出约4厘米。

◆找几本比较重的书放在斜坡底部作为挡板，防止罐子滚到地板上。

◆把一只空罐子装上水，另一只空着。

◆把两只罐子的盖子都拧紧。

◆现在，把三只罐子并排放在坡道的顶部，让它们沿斜坡滚下，看谁先到底。如果你觉得同时释放罐子有点困难，用一块木板作为起跑栏会比较有用。用木板拦住罐子防止它们滚动，同时拿着两

端，快速从斜坡上撤离。

◆交换罐子的起点位置，多试几次来检验你的结果。

◆你会看到一个有趣的现象，装水的罐子总是赢，紧跟着是装有花生酱或果酱的罐子。空罐子总是最后。

实验原理

你可能认为它们会同时到达底部，就像伽利略从比萨斜塔上丢下的一重一轻的两块石头一样。但是，罐子的表现却不一样，它们揭示了物体自转的科学规律，以及飞轮如何储存能量并保持引擎平滑运转。

物体会因重力作用向下做加速运动，较重的物体比较轻的受到的牵引力更大。按照定义，较重的物体质量更大，它需要更大的力来加速，所以这两种效果会相互抵消。这就是为什么较轻和较重石头从高建筑上并排落下但会同时着地的原因。

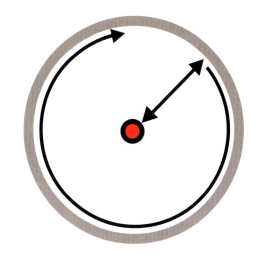

空罐子中，大部分的质量在外侧。

罐子中心的质量在罐子向下滚动时沿直线运动。

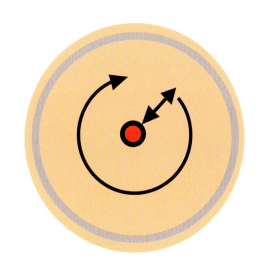

装满花生酱的罐子中，更多的质量位于靠近中心的地方。

罐子边缘的质量会沿着曲线被加速，沿斜坡向下运动。

但是，除了下落之外，这个实验中的罐子还有另外的运动方式：它们在滚动，这意味着它们至少有一部分质量被加速变成圆周运动。被这样加速的质量越多，速度变快就会越久。

空罐子落败，是因为它大部分的质量集中在罐子外圈的玻璃上，因此，它们都要被加速成滚动运动。装满花生酱的罐子排第二，是因为它比空罐子更重，拉它的重力更大，但它的质量并不全在边上。靠近罐子中央的花生酱不需要滚得很快，但这有助于让罐子向下运动。

装满水的罐子胜出，这是因为水增加的质量加速了罐子的下落，但水在罐子里并不转动：罐子的壁在水周围转动而水保持静止。结果就是，只有一小部分的罐子质量需要被加速成滚动运动，所以装水的罐子最先到底。

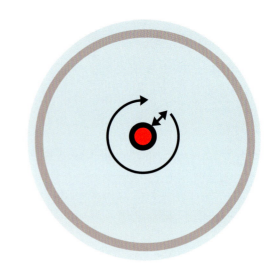

装水的罐子中，水并不运动，所以它表现得就像所有的质量集中在罐子中心一样。

实际应用

这就是飞轮在活塞的间歇动力冲程之间存储能量来保持引擎平衡运转的原理，也是冰上舞者展示他们眼花缭乱的急速旋转的方法。

飞轮大部分的质量都在边缘上，当引擎加速起来后，飞轮也被加速并存储能量。在活塞冲程和下次冲程之间，飞轮会将自己的一部分能量返还给引擎来保证它运转平衡，尤其在低速时。

那么冰上舞者呢？你可能会注意到，冰上舞者如果把四肢向躯干收拢，就能做一个快速的脚尖急转动作。这相当于把花生酱罐子变成了加水罐子。当手臂展开时，他们需要将身体的一部分质量沿着大圈运动，但当手臂收近身体时，大部分质量会沿着更小的圈运动，所以会转得更快。

扩展实验

比较下落的溜溜球（要拿住绳子）和自由下落的物体。溜溜球需要像这个实验中的罐子一样做圆周运动，所以它的加速会比自由落体的物体要慢。

防水手帕

如果在潮湿的地方还想保持干燥，一般会穿上雨衣。但除非它是"透气"的，否则，用不了多久，夹克里面的汗会让你湿透，就像你什么也没穿一样！这些防水但透气的面料是如何起作用的？这个实验将会告诉你。

◆ 本实验需要一只棉布手帕、一只玻璃杯和一些水。

◆ 将手帕盖在嘴上，轻轻对着它呼吸。你会发现嘴里的空气很容易透过手帕布料的编织网眼。

◆ 向杯子里装水直到接近杯口边缘，展开手帕盖住杯口。

◆ 将手帕紧紧贴在杯壁上，快速把杯子倒转，让它上下颠倒。

◆ 如果胆子够大，你甚至可以试着在某人的头顶上让它上下颠倒，但千万别放手啊！如果做得好，水会仍然在杯子里，被手帕挡在后面。

实验原理

这个实验依靠的是表面张力，这也解释了为什么满是小孔的面料可以同时做到既透气又防水。如果杯口不用手帕罩住，你倒转装满水的杯子时液体会落下，大的气泡会升到杯子顶部占据落下去的水的位置。

但如果空气无法进入，液体上面会形成真空，阻止它下落。

这正是手帕做到的。尽管面料中间带有无数的细小孔洞，但它们被一层水覆盖着。空气要进杯子并让水落下，它必须要经过手帕的网眼并形成小气泡。

就像气球在最小时最难爆炸一样，小气泡越小，水的表面张力越难以让它破裂。能够让空气通过手帕的气泡特别的小，而空气无法抵消瓦解气泡的力来形成大气泡，所以水会停留在手帕后面的杯子中。

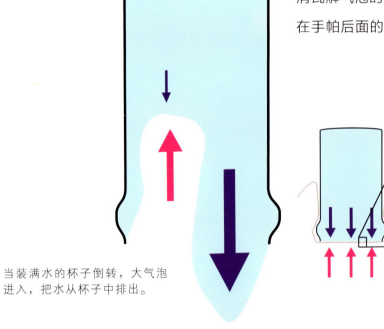

当装满水的杯子倒转，大气泡进入，把水从杯子中排出。

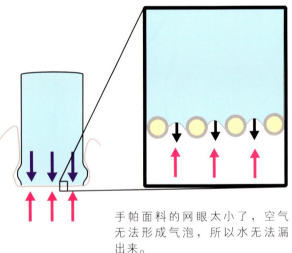

手帕面料的网眼太小了，空气无法形成气泡，所以水无法漏出来。

实际应用

同样的科学原理能用来解释透气面料的工作方式，比如制作冲锋衣的戈尔特斯面料，它在防水外层和保暖内层中间夹了一层细薄膜。薄膜上带有数以亿计的微孔，它们的大小是雨滴的1/20000，但又比水分子大上数千倍。

雨滴要穿透外套表面进入内部并将你打湿，它们就必须分裂成极小的微滴，就像要通过手帕的空气气泡一样，表面张力阻止了它们形成。但是，汗水蒸发出的单个水分子可以轻松通过微孔跑到外面，所以你的汗水可以排出，但雨水却被阻挡在外面。

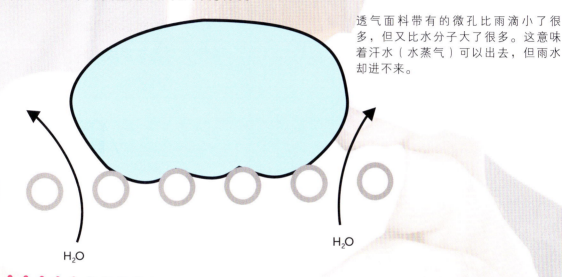

H_2O　　　　H_2O

透气面料带有的微孔比雨滴小了很多，但又比水分子大了很多。这意味着汗水（水蒸气）可以出去，但雨水却进不来。

扩展实验

像肥皂和洗洁剂那样的表面活性剂会形成一个黏合水分子的表面层，降低表面张力，所以加一些洗洁剂或者用编织不太紧密的衣服试试，看看在什么情况下你的手帕不再防水。

图片来源：杰森·哈德森

克里斯·史密斯博士（Dr.Chris Smith）供职于剑桥大学，他是一名讲师和媒体顾问，也是荣获了很多奖项的"纯粹科学家"广播及播客的创始人和主持人，这是世界上下载量最大的科学节目之一。克里斯也会每周出席各种网络广播进行科学访谈并回答听众问题，这些广播包括英国广播公司（BBC）、澳大利亚的澳洲广播公司（ABC）、新西兰国家广播电台（Radio New Zealand）以及南非普罗媒体（Primedia）集团的"广播访谈702"（Talk Radio 702）。克里斯目前与家人住在英国剑桥附近。

图片来源：剑桥科学中心

戴维·安塞（Dave Ansell）是一名有专业训练的物理学家，但由于业余做了太多的科学延伸服务而没有完成博士学位。他努力为自己的爱好获得了资助，为剑桥科学中心创建了科学博物展览，为"纯粹科学家"录制了数百个"厨房科学实验"，最佳实验已被收录进本书。